诗画生境

中国园林艺术赏析

李敏 著

U0162761

机械工业出版社
CHINA MACHINE PRESS

本书深入浅出地阐述了中国园林艺术的基本概念、历史脉络、构成要素、建筑形式、精品赏析、主要特色及国际影响等方面内容，从一个资深园林学家的视角介绍了作为世界园林营造史三大原动力之一的中国园林艺术博大精深的面貌。全书的史实丰富，结构严谨，思想深邃，论述流畅，摄影精美，图文并茂，具有较高的知识性、艺术性与收藏价值。本书可供从事及爱好风景园林、建筑与城市规划的专业人士和高校师生学习参考，也适合钟情于山水风景审美和园林休闲旅游的大众阅读。

图书在版编目（CIP）数据

诗画生境：中国园林艺术赏析 /李敏著. —北京：机械工业出版社，2021.8

ISBN 978-7-111-70172-9

Ⅰ.①诗… Ⅱ.①李… Ⅲ.①园林艺术－鉴赏－中国 Ⅳ.①TU986.62

中国版本图书馆CIP数据核字（2022）第026256号

机械工业出版社（北京市百万庄大街22号　邮政编码100037）

策划编辑：赵　荣　　　　责任编辑：赵　荣

责任校对：高亚苗　刘雅娜　封面设计：鞠　杨

责任印制：张　博

北京利丰雅高长城印刷有限公司印刷

2022年5月第1版第1次印刷

148mm × 210mm · 11印张 · 334千字

标准书号：ISBN 978-7-111-70172-9

定价：89.00元

电话服务　　　　　　　　网络服务

客服电话：010-88361066　机 工 官 网：www.cmpbook.com

　　　　　010-88379833　机 工 官 博：weibo.com/cmp1952

　　　　　010-68326294　金 书 网：www.golden-book.com

封底无防伪标均为盗版　机工教育服务网：www.cmpedu.com

目　录

绪论
中国园林艺术的基本概念

园林是人类社会生活发展到一定阶段时的产物。它是人类出于对大自然的向往而创造的一种富有自然趣味的游憩生活空间，也是一种让人获得自然与艺术审美享受的诗画生境。

人类在劳作之余，需要通过游憩活动来恢复精神和体力。因此，人类营造园林，是基于一种想生活在与大自然相互融合、充分协调的优美人居环境中的实用需求。几千年来，人类一直在利用自然环境，运用水、土、石、植物、动物、建筑物等素材来创造适宜人居的游憩境域，进行营造园林的活动。中国古代神话中把西王母居住的"瑶池"和黄帝所居的"悬圃"，都描绘成景色优美的花园。青山碧水绕家园，是中国人梦寐以求的理想生活环境。

中国是具有5000多年不间断悠久历史的文明古国。中国园林艺术是中国传统文化的瑰宝之一，源远流长，誉满全球。1954年在维也纳召开的国际造园师联合会（IFLA）年会上，英国园林学家杰利科曾致辞道："世界园林史中的三大动力是古希腊、西亚和中国"，并指出"中国的园林艺术对日本和18世纪的欧洲都起到过重要影响"。

中国古代农业中的园艺栽培场地与供人游赏的宅院绿地在未作严格区分之前，二者通称为"园"或"圃"。据史料考证，"园林"一词广泛见于西晋以后的诗文中。如西晋张翰的《杂诗》："暮春和气应，白日照园林。青条若总翠，黄华如散金。"其后，南北朝何承天的《雉子游原泽篇》诗中写有："饮啄虽勤苦，不愿栖园林。"北魏杨衒之的《洛阳伽蓝记》中描写"城南，龙华寺"条曰："此三寺园林茂盛，莫与之争。"到了唐代，"园林"一词广泛使用，如白居易诗："同为懒慢园林客，共对萧条雨雪天"（《雪夜小饮赠梦得》）；"春归似遣莺留语，好住园林三两声"（《春尽

图0-1　明代画家仇英的《园林胜景图》，描绘了江南山水及园林景物，表现了当时文人园居生活的悠闲意趣

日》）；"园林一半成乔木，邻里三分作白头。"（《会昌二年春题池西小楼》）（图0-1）。

　　汉语中的"园林"一词，是从东汉的"园""圃"与花园等游赏绿地在名词上严格区分后沿用至今的，是中国"人化自然"游憩空间最早定义使用的一个传统名词。随着历史的发展，"园林"的概念内涵也不断扩大。如东汉时期佛教传入后始有寺庙，随之兴起寺庙园林；唐代王维"辋川别业"、白居易"庐山草堂"出现后，又有风景名胜的园林营造。到清代末年，"园林"已逐渐包涵了宅第园林、陵园、寺园、御苑等多种游憩空间的内容。近代，在西方文化输入中国后，"园林"的概念又包括了城市公园等绿地类型。新中国成立后，国内广泛开展城市园林绿化和风景名胜区规划与建设实践活动，使"园林"概念所涉及的专业领域进一步拓展。尽管历史上也曾出现过"林泉""林亭""园池""亭台""苑圃"“园庭"等对游赏空间的不同称谓，但相比之下，“园林"一词显得更为完美、适用和蕴涵民族文化，因而长期以来普遍为中国大众和专业机构所接受，成为我国高等教育专业设置和相关法规应用的规范名称。

园林艺术主要以用真实的自然材料来表现自然美和人在自然中生活之美为特征。作为一种物质空间环境的营造技艺，它和建筑、服装、陶瓷等实用工艺一样，不是无功利属性的纯艺术，却又含有相当的艺术成分。园林艺术是将科学技术与艺术表现相结合，达到使用功能与审美趣味相统一，是全面表现和体验自然与生命之美的空间艺术（图0-2）。因此，不仅在中国，在16世纪的意大利、17世纪的法国和18世纪的英国，园林都被认为是一门非常重要的、融汇多种艺术形式于一体的综合性艺术。

英国哲学家培根曾指出：“全能的上帝率先培植了一个花园；的确，它是人类一切乐事中最纯洁的。它最能怡悦人的精神。没有它，宫殿和建筑物不过是粗陋的手工制品而已。”“文明人类先建美宅，营园较迟，可见造园艺术比建筑更高一筹。”（《论花园》，Of Gardens）。从语言学上溯源，英语的“天堂"一词Paradise来自古希腊文的单词Paradeisos，而它又来自古波斯文的Pairidaeza，意思就是“豪华的花园"。

图0-2　始建于元代的保定古莲池，集花园、行宫、书院于一体，兼有中国南北园林之美

中国园林的营造从有文字记载的商周时期的"囿"算起，已有3000多年的历史。从汉代到清代的2000多年里，中国皇家园林的营造大都要仿照"蓬瀛三岛"的山水构架形制，因为那就是传说中神仙居住的、长满了长生不老之药的地方。宗教中所描绘的"天堂"景观也和园林艺术有密切联系。基督教《圣经》中记载，人类的祖先亚当和夏娃在下凡人间之前是住在上帝的"伊甸园"里。园中有各样的树从地里长出来，可以悦人的眼目，其上的果子可作食物。再看佛教的理想：南朝学者沈约在《阿弥陀佛铭》里描绘净土宗"极乐世界"是"于惟净土，即丽且庄，琪路异色，林沼混煌……玲珑宝树，因风发响，愿游彼国，晨翘暮想"。所有这些引人修身养性、争取到里面去过逍遥日子的天堂，正是一所园林。可见，在世界文化历史上，东西方精美的园林就是造在地上的人间天堂，是人类最理想的生活、工作与游憩场所。

中国园林艺术的最高境界是"虽由人作，宛自天开"，它是中国传统文化中"天人合一"哲学思想在园林营造中的体现。与西方园林艺术相比，中国园林艺术集中抒发了中华民族对于自然和美好生活环境的向往与热爱，营造出一种诗意化的游憩生活空间，是博大精深的中华文化宝库中绚丽的奇葩。（图0-3）

图0-3　世界文化遗产——承德避暑山庄返璞归真的"月色江声"

第1章
中国园林艺术的营造脉络

中国是世界四大文明古国之一，拥有5000年未中断的发展历史。中国园林是华夏民族的绚丽瑰宝，源远流长，艺术成就誉满全球。

1.1 商周时期的园林起源

中国的造园活动大约是从3000多年前的商殷时代（前1600—前1100）开始的。最初的形式是"囿"。所谓"囿"，即供帝王贵族进行狩猎、游乐的一种园林形式。它通常是在选定地域划出范围，或构筑界垣，让草木鸟兽在其中自然滋生繁育，并筑台掘池，供帝王贵族狩猎游乐。史籍《说文解字》云："囿，所以域养禽兽也。"《周礼·地官》曰："囿人掌囿游之兽禁，牧百兽。"据《诗经》和《史记》载，周文王曾营造了灵台、灵沼、灵囿。

据考，早在公元前10世纪，周文王想要修建一处供自己游乐的场所，就选择在距离当时国都镐京（今陕西省长安区以西约20公里处）不远的地方，驱使大批奴隶夯筑成一座高大的土台，并挖了一个宽阔的水池，池中蓄养着各种游鱼，称之"灵台"和"灵沼"。周文王还在其附近圈占了一片方圆约70里（35公里）的山林，让天然草木与鸟兽在其中生长繁育，称作"灵囿"。登临高大的灵台，可以远眺近览周围美丽的风景；漫步灵沼岸边，可以欣赏水中欢蹦乱跳的游鱼和各种水生植物；策马驰骋在灵囿里，可以观鸟兽，猎雉兔，一派朴素自然的园林游憩生活景象。

《诗经·大雅》"灵台篇"曰："经始灵台，经之营之。庶民攻之，不日成之。经始勿亟，庶民子来。王在灵囿，麀鹿攸伏。麀鹿濯濯，白鸟翯翯。王在灵沼，于牣鱼跃。"据史书《孟子》载："文王之囿方七十里，刍荛者往焉，雉兔者往焉，与民同之。"可见，周文王营造灵台、灵沼、灵囿，主要是为了在其中游憩狩猎，赏心娱情。在他不去的时候，也允许樵人、猎人前去打柴草、猎雉兔，但要与他共享所获之物。后人称其"与民同之"，实为"与民同其利也"。

灵台、灵沼、灵囿，在中国园林艺术史上占有重要的地位。它们不仅是古籍中所记载的中国最早的园林，也是中国自然山水园的先驱。灵台象征着高山；灵沼象征着大海；灵囿则象征着滋养万物生长的辽阔土地。帝王游乐其中，能得到一种精神上的崇高享受，即所谓"普天之下，莫非王土"，与其自命天子的气度和审美观念相吻合。据史料记载，商殷末期和周朝，不仅帝王有囿，方国之侯也可以有囿，只不过"天子百里，诸侯四十里"，规模有所不同罢了。

春秋战国时期，各诸侯国对于宫室苑囿的经营，都达到了一个相当高的水平。较著名的，有吴王夫差所修建的曲折曼延数里之长的姑苏台、春霄宫、天池以及梧桐园、鹿园等。据《述异记》载："吴王夫差筑姑苏台，三年乃成，周旋诘曲，横亘五里，崇饰土木，殚耗人力，宫妓千人，上立春霄宫作长夜之饮。""夫差作天池，于池中泛青龙舟，舟中盛陈妓乐，日与西施为水嬉。"又说："吴王于宫中作海灵馆及馆娃阁，铜沟玉槛，宫之楹槛珠玉饰之。"由此，可以想见这些宫室苑囿建筑之华丽。

1.2　秦汉时期的园林型制

秦汉时期，囿演变为苑，中国出现了历史上第一个造园高潮。秦始皇统一六国后，综合六国的造园经验，使秦以前形成的在自然风景区堆土筑室、修建离宫苑囿的做法得到进一步发展。秦始皇幻想长生不老，永享荣华富贵，方士们便搬出了神仙之说迎合其心理。方士们告诉他：只要他使自己的行踪不定，神出鬼没于各个宫苑之间，来无影，去无踪，使凡人摸不清他的活动规律，就可以像神仙一样长生不老了。求仙心切的秦始皇受方士之惑，在秦都咸阳大兴土木，修建了占地广袤的上林苑，其中包括著名的宫室建筑群——阿房宫。尽管这座规模宏大的建筑宫苑未及完全竣工

图1-1 [南宋] 赵伯驹《汉宫图》，写意地表现了汉武帝所营造的宫苑景观

秦朝就灭亡了，但其追求生活起居于高低冥迷的神山仙境之中的造园思想，对后世的皇家园林创作产生了巨大的影响。

汉武帝在秦上林苑的故址上继其规模，更加增广。汉上林苑地跨五县，范围达400余里，周围用墙围绕，苑内有离宫别馆70余所（图1-1）。据《汉书》记载，营建上林苑始意为狩猎："苑中养百兽，天子春秋射猎苑中，取兽无数"，保持着商周以来王公贵族射猎游乐的传统。然而，建成后的上林苑已不限于射猎之乐，还有多种多样的宫室建筑和声色犬马的游乐活动。《长安志》载："关中记曰上林苑门十二，中有苑三十六，宫十二，观二十五"，各具特色。例如，苑中有供游憩的宜春苑；供御人止宿的御宿苑；为太子设置招待宾客的思贤苑、博望苑等；有演奏音乐和唱曲的宣曲宫；观看赛狗、赛马和观鱼鸟的犬台宫、走狗观、走马观、鱼鸟观；饲养和观赏大象、白鹿的观象观、白鹿观；引种西域葡萄的葡萄宫和培养南方奇花异木（菖蒲、山姜、桂、龙眼、荔枝、槟榔、橄榄、柑橘等）的扶荔宫等。苑中还挖凿有许多池沼，池名见于载籍的有昆明池、麋池、牛首池、蒯池、积草池、镐池、祀池、东陂池、西陂池、当路池、大一池、郎池等。

上林苑中最重要的宫城为建章宫（图1-2），建于前104年。据《水经注》载：建章宫"周二十余里，千门万户"。其北部为太液池，池中置三个岛屿，称蓬莱、方丈、瀛洲，象征海中神山。上林苑中不仅天然植被丰美，初修时群臣还从远方献名果异树2000余种，花木茂盛葱茏。在建筑造型上，汉代木结构的屋顶已有庑殿、悬山、囤顶、攒尖和歇山五种基本形式（图1-3）。

汉代造园家对于园林水景的处理已有相当熟练的技巧。在汉代宫苑中，人工开挖的大水面很多。凿池堆山，奠定了此后近2000年中国皇家园林营造的基本山水结构。这些大水面的使用，主要是描写幻想中所谓神仙起居出没的环境——浩渺冥迷的海中仙山与星光灿烂的天上河汉。如汉武帝凿于建章宫北的太液池，便以象征北海为主题，池中布置了三个岛屿，以象征蓬莱、方丈、瀛洲三座神山。上林苑周回

图1-2　[元]　李容瑾《汉苑图》，描绘了宏伟精湛的汉代皇家园林建筑

四十里的昆明池中设置"豫章台"，沧池中设置"渐台"，都是取"蓬岛瑶台"的寓意。昆明池的东西两岸，还分别设置了牛郎、织女的雕像，用以表示池水是象征天河的。在当时，这种道教方士们的理想境界，丰富与提高了园林艺术的构思，促进了园林艺术的发展。

中国古典园林发展到汉代时，已基本成为一门综合性艺术。汉代园林中的假山堆叠，比先秦时代有很大发展。据文献考证，中国园林中的人工叠山至少在孔子生活的春秋时代就出现了。孔子的《论语》中有"为

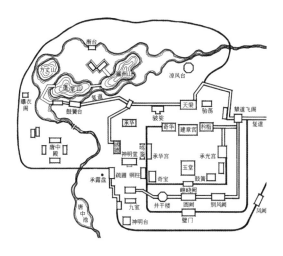

图1-3　汉长安建章宫示意图

山""一篑"之类的说法，与民间口碑相传的"为山九仞，功亏一篑"的俗语正好相合。《三秦记》载："秦始皇作兰池，引渭水。东西二百里，南北二十里，筑土为蓬莱山。"到了汉代，在先秦堆土为山的基础上，更创造了叠石筑山的技法，并在假山中布置山洞，力求接近自然形式。

此外，雕塑在园林营造中已广泛应用，如上林苑昆明池畔的牛郎、织女的石雕一直保存至今，池中还有长约5米的鲸鱼石刻。太液池中有鱼、龙及各种奇禽异兽的石刻铜雕等。许多宫阙上，有迎风转动的巨大铜凤；宫苑内时能见到铜人、铜马等；这些雕塑都有助于造园主题思想的表达。据《汉书·典职》载："宫内苑……激上河水，铜龙吐水，铜仙人衔杯受水下注。"如此层层叠落的铜雕涌泉营造于2000多年前，实在是一件相当令人惊奇的杰作，在世界园林史上很有价值。

1.3 隋唐时期的园林建设

　　魏晋南北朝历时369年的社会动乱，使国民经济遭到很大的破坏。但是，各朝帝王仍不顾人民死活，照样大兴土木，营造各式宫苑。此时，以山水为题的中国自然山水园得以发展，是中国古典园林发展历史上的一个转折阶段。园林营造由单纯的模仿自然山水形象，发展到对自然景象的概括、提炼及抽象化，并突出园林空间的游赏功能，初步形成了中国特有的园林艺术体系。

　　据史籍载，北朝著名的园林有后魏"华林苑"、南朝"乐游苑"等。在这些园林中，造园家构石筑山，表现"重岩复岭、深溪洞壑"的山景，达到了"有如自然"的境界，说明当时的园林营造和土木石作技术已达到了相当高的水平。

　　魏晋以后，中国古典园林进入全盛时期。在中国自然山水园中，自然景观是主要观赏对象（图1-4），它以山、水、地貌为基础，以植被作装

图1-4　[隋]　展子虔《游春图》是中国历史上第一张山水画，描绘了春光明媚踏青郊游的情景

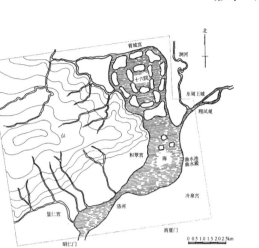

图1-5　隋西苑平面示意图

点，将建筑美与自然美相融合，体现出诗情画意，使人在建筑中更好地体会自然之美。西晋以来盛行选天然风景名胜区稍加整理布置就成自然园林。

隋代（581—618）开国之初，隋文帝杨坚定都长安，筑新城称大兴城。由于杨坚勤俭行事，考虑民众生活，因而苑囿营建较少。见于史籍记载的仅有两处，一为宫城之北的大兴苑，为唐代禁苑的前身；另一为京城东南隅的芙蓉园，即古时的曲江。隋文帝不喜欢曲江这个名称，改名为"芙蓉园"。《陕西通志》记载它"青林重复，缘城弥漫，盖帝城胜境"。

隋炀帝杨广即位后迁都洛阳。他为了自身享乐，穷奢极欲地大造宫室苑囿，并掘运河通到杭州，用以游幸江南。据《资治通鉴·隋纪》载："发大江之南、五岭以北奇材异石，输之洛阳；又求海内嘉木异草，珍禽奇兽，以实园苑"。在众多的宫苑中，西苑以最为宏伟和富有特色著称于史（图1-5）。隋炀帝还在各地建造了许多离宫别苑。例如，曾在今江苏常熟一带，置宫苑，周围十二里（6公里），其中有离宫十六所，其流觞曲水分别有凉殿四所，环以清流。在今扬州曾建江都宫，宫中有一座迷楼，千门万牖，工巧之极，自古未有。

唐朝（618—907）的建立，揭开了中国古代最为灿烂辉煌的历史篇章，唐代初期的贞观、永徽之年，国力日渐富强，宫苑建筑也日有兴建。唐代宫苑的壮丽比汉代有过之而无不及。唐骆宾王的《帝王篇》写道："山河千里国，城阙九重门。不睹皇居壮，安知天子尊。"

唐代是中国园林营造突破传统技艺而大发展的时期，有西内太极宫、

图1-6　唐长安临潼华清宫示意图

东内大明宫、南内兴庆宫为代表的大内御苑和华清宫（图1-6、图1-7）为代表的离宫御苑。太极宫的规模最为宏伟，占地约340公顷。在大明宫内，不仅有崇台上雄伟的含元殿，还有居于宫北的太液池（又名"蓬莱池"），池中有蓬莱山（岛）独踞。池周建回廊400多间，别有一番景色。

　　唐长安城东南隅，秦汉称宜春苑、乐游苑，隋时有池名"芙蓉池"，苑名"芙蓉园"。唐时大行疏凿，辟为"曲江池"，占地二坊，环池建有观榭宫室，如紫云楼、采霞亭等建筑。芙蓉园里，青林重叠，池水澄清，两岸宫殿延绵，楼阁起伏，景色十分优美。芙

图1-7　唐长安华清宫园景

图1-8　[唐]　王维《辋川图》

蓉（即荷花）盛开时为都中第一胜景。诗人杜甫曾写了不少描写曲江芙蓉园景致的诗句，至今读来仍脍炙人口。其内苑部分为皇帝专用小园；外苑部分是皇帝赐宴大臣与及第进士曲江宴之处，也是文人学士流觞作乐宴集之处。每当中和（二月初一）、上乙（三月初三）、重阳（九月初九）等节日，长安的公侯贵戚、庶民百姓，倾城而至园中游玩，唐玄宗皇帝有时也亲往游赏，使之逐渐成为公共行乐的胜地。

此外，唐代大诗人王维的"辋川别邺"，位于长安东南郊山区中（今陕西蓝田县）。这座庄园式的别墅家园，利用自然风景形胜组织景点20余处，较少人工构筑物，在中国园林历史上以自然园林风格而著称（图1-8）。五代南唐董源所绘《江堤晚景图》，描绘了王维笔下山林幽居、风花雪月的自然式园林意境（图1-9）。董源开创了平淡天真的江南画派，发展了唐代王维的水墨一脉，丰富了山水画的表现技法，对宋元两代士大夫文人山水画有重要影响。

1.4　宋元时期的园林文化

从宋代到清代，是中国古典园林发展的成熟期。北宋王朝在我国古代经济与文化发展史上是个重要的转折时期。宋太祖赵匡胤结束了五代十国分裂割据的局面之后，在政治、经济、文化等方面采取一系列有益措施，使社会经济和文化建设得到迅速的发展。

宋代是以"郁郁乎文哉"而著称的，文官多、俸禄高、大臣傲、赏

图1-9　[五代南唐]　董源《江堤晚景图》

赐重，重文轻武；自宫廷到市井，都崇尚追求一种优雅、纤细的生活趣味与画风诗意。北宋建都汴州（今开封），称"东京"。宋帝曾多次诏试画工修建宫殿，大都先有构图，然后按图营造。这样，一方面促进了建筑技术的成熟和法式则例的规定，同时也发展了界画、台阁画。宋初，汴京有著名四园，即玉津园、宜春苑、琼林苑和金明池。赵佶（宋徽宗）登位后，先后修建了玉清和阳宫、延福宫、上清宝箓宫、宝真宫等，都是绘栋雕梁，高楼邃阁，也都有苑囿部分。如延福宫中"楼阁相望，引金水天源河，筑土山其间，奇花怪石，岩壑幽胜，宛若生成。"

宋代的帝王宫苑，以徽宗时的寿山艮岳为最。据史载，政和七年（1117）始筑"寿山艮岳"，役民夫百千万，掇山置石，引水凿池，植奇花异草，筑亭台楼阁，费时十余年。其规模之宏大，结构之精妙，一时传为胜绝，在中国古典园林史上占有重要的地位（图1-10）。宋徽宗是位风流皇帝，能书善画；三教九流，无所不通。在位时曾命朱缅掌聚花石纲，专搜江浙地区的奇花异石，运送到汴京供其享用。营建寿山艮岳的原因，一方面是宋徽宗听信了道士刘混康的风水之谈："京城东北隅，地协堪舆，但形势稍下，倘少增高之，则皇嗣繁衍矣"。另一方面是他追求享乐、留意苑囿的结果。据易之八卦，东北方曰"艮"方。宣和四年（1122）宋徽宗自为《御制艮岳记》，以为山在国之艮，故名"艮岳"。

寿山艮岳是一座以表现山水胜景为主题的大型皇家园林，供皇帝"放怀适情、游心赏玩"。园中有双岭分赴的山景区，有池、瀑、溪、洞相连构成的景观水系，池中有洲，洲上建亭，均随形而设。全园景致可谓"括天下之奇，藏古今之美"。

寿山艮岳的山水创作艺术极为精湛，各种景致力求细腻变化。所谓"穿石出罅，岗连阜属，东西相望，前后相续，左山而右水，后溪而旁垄，连绵而弥满，吞山而怀谷。其东则高峰峙立，其下植梅以万数，绿萼承趺，芬芳馥郁。"苑内既有"长波远岸"和"水出石口，喷薄飞注如兽面"的水景，也具"周环曲折，有蜀道之难"的山景，还有"筑室若农家"的村野风光。

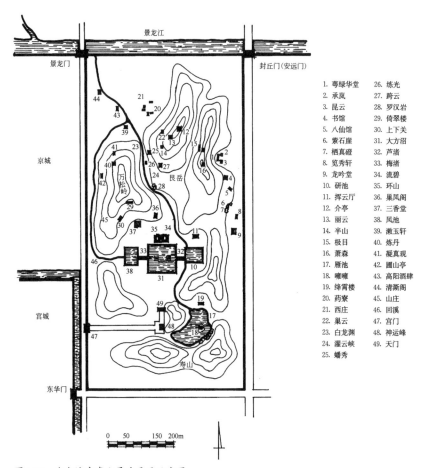

景龙江
景龙门
封丘门（安远门）

京城
宫城
东华门

万松岭
艮岳
寿山

0 50 150 200m

1. 尊绿华堂　　26. 练光
2. 承岚　　　　27. 跨云
3. 昆云　　　　28. 罗汉岩
4. 书馆　　　　29. 倚翠楼
5. 八仙馆　　　30. 上下关
6. 紫石崖　　　31. 大方沼
7. 栖真磴　　　32. 芦渚
8. 览秀轩　　　33. 梅渚
9. 龙吟堂　　　34. 流碧
10. 研池　　　　35. 环山
11. 挥云厅　　　36. 巢凤阁
12. 介亭　　　　37. 三香堂
13. 丽云　　　　38. 凤池
14. 半山　　　　39. 漱玉轩
15. 极目　　　　40. 炼丹
16. 萧森　　　　41. 凝真观
17. 雁池　　　　42. 圃山亭
18. 嘤嘤　　　　43. 高阳酒肆
19. 绛霄楼　　　44. 清澌阁
20. 药寮　　　　45. 山庄
21. 西庄　　　　46. 回溪
22. 巢云　　　　47. 宫门
23. 白龙渊　　　48. 神运峰
24. 濯云峡　　　49. 天门
25. 蟠秀

图1-10　北宋汴京寿山艮岳平面示意图

　　宋徽宗好道求仙，于艮岳之西又布置有药寮，种植参、术、杞、菊、黄精等药用植物，并设有炼丹凝真观。全苑以艮岳为构图中心，其掇山雄壮敦厚，立为主岳，万松岭和寿山则为宾为辅。这与宋代山水画论中所说的画理是一脉相承的。苑内的理水也体现了"山脉之通，按其水径；水道之达，理其山形"的山水画论要旨。白龙沜、濯龙峡为溪谷景区，列嶂如屏的寿山，有瀑布下入雁池，池水出为溪自南向北，行岗脊两石间，往北流入景龙江，往西与方沼、凤池相通。池中有洲，洲上有亭，万松岭南又

图1-11 [宋] 范宽《溪山行旅图》

图1-12 [宋] 李唐《万壑松风图》

是一片河景区。如此构成寿山艮岳全苑的水系。此外，随着峰峦之势，置亭以眺远景，如巢云亭、介亭；依着山岩之形，作楼以品茗小憩，如倚翠楼、绛雪楼。沼中有洲岛，或植芦，花间隐亭。苑中还畜养一些珍禽异兽以供观赏。

在宋代园林的营造中，叠石构洞已有相当的技巧。《南史》最早记载了独立的特置峰石："溉第居近淮水，斋前山池有奇礓石，长一丈六尺，帝戏与赌之，并《礼记》一部，溉并输焉。"宋徽宗"寿山艮岳"中的特置峰石更是多不胜数，在祖秀《华阳宫纪事》中，记有列出赐名的湖石就有数十块。为了搜罗这些花石，宋徽宗特命朱勔"取浙中珍异花木竹石以进，号曰花石纲"。

寿山艮岳典型地表现了以山水地形创作为骨干的北宋山水宫苑风格，体现了造园家对自然景观的细微认知和审美情感，并点缀布置以亭台楼阁，丰满以树木花草，达到了妙极山水的境界。此后元、明、清各代的皇家园林创作，都是在继承北宋山水宫苑传统的基础上发展的。

这种"大山大水"的造园风格，与宋代山水画的艺术特征实有异曲同工之妙，如大师范宽和李唐的著名画作（图1-11、图1-12）。范宽《溪山行旅图》描绘的关中景色，是中国美术史上的一座丰碑。巍巍大山耸立在画面中央，右侧有深谷瀑布，近景为两块巨大的岩石。山脚下开阔的路上，有毛驴行人。中景两座山丘，隔溪相对，山上密布阔叶树与针叶树。中部山坡的丛林后边，若隐若现地显出几栋庙宇，建筑精致结实，与山体的风格融为一体。李唐的《万壑松风图》中冈峦、峭壁是典型的斧劈皴法，显现出特别坚硬的感觉。山腰白云朵朵，好像是冉冉欲动，划分出群山的前后层次，使画面疏密相间。山巅的树丛，近处的松林，若隐若现的石径，加强了画面幽深的情调。中景有一线瀑布垂下，几折而后，转成一滩溪涧，涧水穿石而过，如闻声响，真所谓"画到有声就是诗"。

在"重文轻武"的宋代，上至皇帝大臣，下至地主士绅，构成了一个较唐代更为庞大而富于文化教养的阶级。因此，宋代也是民间园林艺术兴旺发达的时代，私家园林的发展十分显著，几乎可以和皇家苑囿平分秋色。据古籍《枫窗小牍》所载：北宋东京汴梁，著名的私家园池有10多个，不甚著名者不下百个。北宋李格非所著的《洛阳名园记》中，记载北宋西京洛阳城内有花园20多个。宋代的江南园林，曾荟萃于吴兴一带。宋室南渡后，私家园林又盛行于临安（今杭州）。据《梦粱录》载："西林桥，即里湖内，俱是贵官园圃，凉堂画阁，高台危榭，花木奇秀，灿然可观。"《湖山胜概》中记述的杭州私园，已不下40余家。今日苏杭一带如此丰富的园林盛景，可以说从宋代、甚至更早一些时候就已经开始经营了。有些园林，如苏州的沧浪亭、环秀山庄等，在宋代时已经有园。沧浪亭原为五代时吴越孙承祐的旧圃。环秀山庄则为五代广陵郡王金谷园的旧址，入宋以后称为"乐圃"。

此外，浙江嘉兴的"巷圃"、绍兴的"沈园"等，在宋代也颇负盛名（图1-13）。沈园是陆放翁旧游题《钗头凤》词之处，为千古所传诵。宋代观赏树木及花卉的栽培技术已出现引种驯化、嫁接等方式，并有园林专著出现，如《洛阳花木记》和《扬州芍药谱》等。

与两宋同期的辽、金，受唐宋文化的熏染，建园之风也曾盛行一时。在辽南京与金中都，曾经营建了琼林苑、瑶光台、琼华岛等，为元、明、清三代渐趋完备的北京皇家御苑打下了良好的基础。元代皇帝于大都开三海、建西苑，使今日北京的北海与中南海初具规模。

元大都始建的"西苑"（即今天北京城内的"三海"），是辽金以来著名的皇家园林。早在800年前的辽金时期，为解决京城的用水问题，引西郊玉泉山之水，注汇成这一区湖面。辽建燕京时，辟该地为"瑶屿行宫"。金在辽燕京的故址上建立了中都，又在此修离宫，称大宁宫。完颜雍迁都燕京后，于1163年开拓水面称"金海"，垒土成山称"琼华岛"，并栽植花木，营构宫殿。那时，琼华岛上建有瑶光殿，又把汴梁城内寿山艮岳的奇石运来堆叠假山，作为游幸之所（图1-14）。元代营建大都时，重新疏浚湖面，改金海为"太液池"，赐名琼华岛为"万岁山"。太液池东为大内，西为兴圣宫和隆福宫，三宫鼎足而立。琼华岛南面有"仪天殿"，即今日的北海"团城"。后来，明代对琼华岛和太液池沿岸部分继续增筑和修缮，并加以扩建称"西苑"。西苑的造园艺术风格，基本上是仿秦汉宫苑的蓬莱瀛洲、仙山琼阁之传统，总体布局为一池三山。三山之

图1-13　绍兴沈园之柴扉门

图1-14　晨曦中朦胧的北京西苑（北海）琼华岛，仿佛海上仙山琼阁

巅，各有殿室。东山顶是"荷叶殿"，西山顶是"温石浴室"，正中山顶是"广寒殿"。

宋元时期，中国的文人山水画大为发展并趋于成熟。所谓"文人画"，其基本特征是文学趣味异常突出，讲究形似与神似、写实与诗意的融合统一，注重笔墨趣味，"画中最妙言山水"。由于社会的重视，山水画逐渐跃居绘画的主要地位。许多山水画家深入自然山川，朝夕观察和反复揣摩体会，精确地画出不同地域、季节、气候的自然山水景象特征，追求优美动人的意境。从全景式的大山大水及松石，到用笔简括、章法高度剪裁的边角之景，显示了不同时期的卓越创造。画中的山水景物，不仅是仙山楼阁、贵族园囿游赏、士大夫幽楼隐居的景色，更多的是南、北方山川郊野的自然景色，其间穿插有盘车、水磨、渡船、航运、捕鱼、采樵、骡行旅、寺观梵刹、墟市酒肆等平凡的生活情节，具有浓郁的生活气息。而且，通过真实的景物描写，体现优美的想象画面，塑造诗一般的意境。这种从现实主义向浪漫主义转变的山水画风，在一定程度上也影响了园林艺术的发展。一些著名的文人、画家都竞相造园，如元初赵孟頫建"莲花庄"，元末倪瓒筑"清闷阁""云林堂"等。文人画家参与园林营造，对于园林艺术的发展，起到重要的推动作用。以倪瓒（号云林）为例，他不仅是元代著名的画家，还因善于叠山造园而闻名一时。据传，苏州古典名园"狮子林"中的叠石名胜，就出自他之手，留传至今（图1-15）。

图1-15 苏州古典名园"狮子林"中的假山

1.5　明清时期的园林遗产

　　明清时期，是中国古典园林艺术发展到顶峰的时代，不仅数量众多，而且水平很高。中国古典园林的四大基本类型（皇家园林、私家园林、寺观园林和风景名胜），此期内都已发展到相当完善的程度，在总体布局、空间组织、建筑风格和植物造景上各有特色。其中，北京是皇家园林的集中地，江浙是文人私家园林的集中地，而在南方五岭以南地区又形成了岭南园林，影响辐射桂南、桂北、川西及云贵地区。至于寺观园林与风景名胜，则遍布祖国大地，形成所谓"天下名山僧占多"的局面。

　　明清两代的皇家宫苑主要集中在北京。除都城内的宫苑外，离宫别苑多营建在西北郊一带，规模宏大。北京的西北郊山峦绵延，争奇拥翠，云从星拱于皇都之左，且地下泉源丰富，是自然山水景观绝胜之地。由于地近都城，山水佳丽，历代王朝都在这里建有宫苑，同时是公卿显贵们的私园荟萃之处，寺庙建筑也很兴盛（图1-16）。

图1-16　[明]　仇英《仙山楼阁图》

　　据明代蒋一葵《长安客话》的记述，当时北京西山一带的寺庙是"精兰棋置""诸兰若内，尖塔如笔，无虑数十，塔色正白，与山隈青霭相间，旭光薄之，晶明可爱。""香山、碧云（寺名）皆居山之层，擅泉之胜。"每年佛会时，"幡幢铙吹，蔽空震野，百戏毕集，四方来观，肩摩毂击，浃旬乃已"。由此可见，明代的北京西山一带已是离宫别苑、名胜古刹汇集的风景园林游憩胜地。

　　清代在北京西北郊建成了以圆明园为中心、多园荟萃如"众星拱月"般宏大壮丽的皇家苑囿群，盛极一时。著名的皇家苑囿有"三山五园"，即：香山静宜园、玉泉山静明园、万寿山清漪园（今颐和园）、畅春园和圆明园。其中，圆明园被称为"万园之园"，是中国皇家园林的巅峰之作，可惜清末毁于英法联军的炮火（图1-17）。颐和园是慈禧太后在原清漪园的基础上，于1888年兴工修复并改名的。园内地形高低起伏，万寿山巍然耸立，昆明湖千顷汪洋（图1-18），湖光山色，相互辉映，山区内依

图1-17　北京圆明园西洋楼遗址

图1-18　北京颐和园万寿山佛香阁与昆明湖

图1-19 苏州留园冠云峰在水中的倒影,仿佛亭亭玉立的美女正在照镜梳妆,象征园主梦中思念的初恋情人

势建筑亭台楼阁,长廊轩榭,构成园中之园数十处,景象变化万千。此外,清代皇帝还在承德塞上草原围场附近营建了誉有"塞北江南"的大型行宫——避暑山庄。

明清时期的私家园林,在明嘉靖至清乾隆年间达到中国古代造园史上的鼎盛时代,各地富商豪贾及士大夫的造园之风盛行。例如,杭州曾有私园别邺70多家,扬州曾有私园30多家,北京城中有名的宅园就达100余处。明代文人王世贞曾著《游金陵诸园记》,记述了当时南京的36个私家园林,其中许多园林颇为可观。著名书画家米万钟在北京建有三座宅园:湛园、漫园和勺园,尤以勺园最为精彩。《春明梦余录》载:"园仅百亩,一望尽水,长堤大桥,幽亭曲榭,路穷则舟,舟尽则廊,高楼望之,一望弥际"。勺园与李戚畹的清华园相邻,有"李园壮丽,米园曲折;米园不俗,李园不酸"的说法。不过,现存数量最多、质量最佳的明清私家园林大多荟萃江南,并集中在"四州"(苏州、杭州、扬州和湖州),尤以苏州最为著名。苏州古典园林是中国江南园林的艺术精华,典型作品有拙政园、留园、网师园等,是明清文人山水园的杰出代表(图1-19)。

图1-20　世界文化遗产——苏州网师园

　　到了明清时期，中国古典园林已发展为山池、建筑、园艺、雕刻、书法、绘画等多种艺术的综合体，形成了中国特有的自然山水园形式，达到了完美精深的艺术境界。颐和园、避暑山庄和苏州网师园，作为中国古典园林艺术的瑰宝，已经被联合国教科文组织列入世界文化遗产名录（图1-20）。

　　在中国古典园林的发展过程中，南、北方的造园技艺有许多交流和渗透。清代的皇帝康熙、乾隆都曾数度南巡，使这种交流发展到一个高潮。在与外国交流方面，广东的岭南庭园吸收了不少外国园林的建筑造型与装饰形式。总体来看，不论是南方还是北方，中国园林建筑的造型都比一般的功能性民用建筑灵活多样、精巧秀丽。恰如清初文人李渔在《一家言》中写道："贵精不贵丽，贵新奇大雅，不贵纤巧烂漫"。这说明，中国历代园林的营造形式与中国人崇尚自然美的审美观念是一致的。

　　明清两代产生了一些有关园林艺术与造园技巧的论著，如明末造园大师计成所著的《园冶》等。《园冶》于崇祯四年（1631）成稿，崇祯七年刊行，是我国历史上第一部有关园林艺术和园林工程理法的专著。《园冶》全面论述了宅园、别墅营建的原理和技艺手法，总结了民间匠师的造园经验，反映了中国古代园林建筑艺术的成就。《园冶》内容由"兴造论"和"园说"两篇组成。"园说"中包含相地、立基、屋宇、装折、门窗、墙垣、铺地、掇山、选石、借景共十部分。全书共三卷,附图235幅,其中卷二是"装折"中的栏杆图式。在兴造论中,计成阐明了写书的目的,着重指出园林兴建的特性是因地制宜、灵活布置。计成把中国古典园林艺术的特征概括为"虽由人作,宛自天开",提出在园林设计和建造过程中,要始终贯彻"巧于因借,精在体宜"的指导思想,造园家要善于巧妙利用环境进行园林艺术创作。

《园冶》是用骈体文体(四、六文句)写成的。计成将园林造景手法的描述和审美意境感受的论述相联系,讲述了江南园林的诗情画意之美和情景交融的特色,文笔优美流畅,在中国文学史上也占有一定地位。不仅如此,明清时期在造园艺术方面的名著,还有文震亨的《长物志》、徐弘祖的《徐霞客游记》、李渔的《一家言》《闲情偶记》和沈复的《浮生六记》等。

明清以后私家园林在艺术上渐占上风,皇家园林营造反而要向私家园林学习,甚至直接模仿或照搬其造园艺术手法。这种情况在承德避暑山庄、圆明园和颐和园的营造中表现得尤为突出(图1-21)。明清时期的中

图1-21 模仿江南名园(无锡寄畅园)营造的北京颐和园谐趣园

国园林已发展为建筑、园艺、文学、美术等多种艺术的综合体，形成了富有中国特色的自然山水园艺术形式，审美意境博大精深，是宝贵的世界文化遗产。

1.6　近代中国的园林发展

中国近代史的时间跨度，一般是指自1840年鸦片战争爆发到1949年中华人民共和国建立的这个时期。1988年出版的《中国大百科全书》（建筑-园林-城市规划卷）第一版，就采用了这一断代方法。此期内发生了一系列重大的历史事件，如西方列强入侵、太平天国运动、晚清洋务运动、中日甲午战争、义和团运动、辛亥革命、五四运动、国共合作、北伐战争、秋收起义、红军长征、抗日战争、解放战争等，近代中国社会性质从传统封闭的封建社会转变为半殖民地半封建社会。中华传统文化与西方文化发生了剧烈碰撞，中华民族到了生死存亡的危难时刻。中华文化的解构及其与西方文化的重新交融成了社会文化发展的主线。

与封建王朝时代的园林营造活动相比较。中国近代园林的建设形式发生了较大变化，主要表现在三大方面：

1）城市公园建设从无到有崭露头角，并在一些重要城市初具规模，如上海、天津、大连、青岛、广州、厦门和杭州就建设了一系列的公园。

2）权贵阶层仍有建造私园活动，如府邸、墓园、避暑别墅等。其中，较有代表性的有荣德生所建无锡梅园（1912）和王禹卿建的无锡蠡园（1927），还有厦门清和别墅、容谷别墅、观海别墅等。此期建造的私园形式主要有三种，一是按中国传统风格建造，但艺术水平已不如明清时期，如北洋军阀王怀庆在北京宅旁所筑"达园"；二是模仿西方建筑及园林形式建造，如厦门鼓浪屿、江西庐山、青岛八大关及河南鸡公山花园别墅群等；三是中西建筑风格交融，洋为中用，园林审美兼收并蓄，如广东开平立园（图1-22）。

3）新建大中院校的空间形态从传统"书院"向公共"校园"转变，如

图1-22　岭南近代华侨园林
杰作——广东开平立园

图1-23　澳门加思栏花园

北京清华大学、天津南开中学、重庆南开中学、广州国立中山大学、厦门
集美学村等。此外，"园林为公众服务"的理念和"园林作为一门科学"
的思想在近代中国得到了较大发展。一些高等院校（如国立中央大学、浙
江大学、金陵大学等）先后开设了造园学课程。1928年，一些造园专家和
学者筹备成立了"中国造园学会"。

　　中国境内兴建的第一个近代城市公园是澳门加思栏花园（图1-23），
始建于1861年，1865年落成，位于加思栏兵营前家辣堂街与兵营斜巷、南
湾大马路及东望洋新街之间，占地约6100平方米，又称"南湾公园"。园
内设有音乐台，四周筑有围墙栏杆，可欣赏到风景如画的南湾海景风光。
当时，加思栏花园是澳门上流社会人士的聚首之地。园内不仅可闲谈、漫
步、聚会，还能聆听音乐台上的悠扬乐声。临街的中式八角亭曾是花园的
酒水部，后改为由澳门中华总商会管理的小型公共图书馆。同类城市营造

的公园，还有大连老虎公园（今劳动公园，1889年建）、哈尔滨董事会花园（今兆麟公园，1906年建）等。

中国近代兴建的第一个租界公园是位于上海外滩英美租界的黄埔公园，1868年8月建成，面积约20300平方米。公园英文名称为Public Park，中文译名"公共花园""公家花园"或"公花园"，国人称之为"外国花园""外摆渡公园""大桥公园"或"外滩公园"。租界工部局于民国二十五年（1936）9月将园名改为"外滩公园"，民国三十四年（1945）12月21日改名为"春申公园"，民国三十五年（1946）1月20日改名为"黄浦公园"，沿用至今。公园中部草坪上曾建有一个木结构音乐亭，并安装了6盏煤气灯。早期公园的音乐会是由英国军舰上的乐队来演奏，后来由租界工部局的管弦乐队演奏，每周至少一场，夏季甚至一周三四场，每场观众数百人，有时600只帆布椅全部租出。露天音乐会成为黄埔公园的一大传统特色（图1-24）。但是，公园建成后很长一段时间内不允许中国人进入，公园门口的公告牌明确标示6条园规，其中第一条"脚踏车及犬不准入内"，第五条"除西人佣仆外，华人不准入内"。这个侮辱华人的公园规章，激起了中国人民的强烈愤怒，各界抗议一直不断，直到1927年北伐战争节节胜利之际才予作废。

近代由中国人自建的第一个城市公园是齐齐哈尔市仓西公园，始建于1904年，1917年改称"龙沙公园"沿用至今（图1-25）。当时由黑龙江巡抚程德全提议规划造园，命张朝墭设计和监工建造，用官银2万两。

图1-24　上海黄浦公园初期景观

图1-25 齐齐哈尔仓西公园

公园最初面积约2公顷，后扩至64公顷（其中水域20公顷）。公园东北角初期建有中式"象鼻亭"，造型独特。园内后来陆续增添藏书楼、望江楼、关帝庙、寿公祠、澄江阁等著名景点，湖中有岛，岛中有湖。曲桥、拱桥逶迤贯通，亭台楼榭点缀其间，景色动人。此类近代公园还有无锡城中公园（建于1906），南京玄武湖公园（建于1911）等。这些公园多为地方当局所建，少数为乡绅集资筹建。

值得关注的是，近代中国城市曾出现大规模营造中山公园的现象。据统计，从1925年孙中山先生去世到1949年间，全国各地城市共建设命名了267座中山公园（含新建、改建和改名等形式），使之成为世界上数量最多的同名公园和近代中国城市公园的一种独特类型。其中，岭南地区共建设了85座中山公园（广东57座、广西27座、香港1座）。这些中山公园受到"西风东渐"的时尚影响，公园的规划设计既有中国传统造园手法，也运用了大量西方园林的营造技术，在公园布局和建筑设计方面表现尤为明显。抗日战争期间，中山公园作为民族主义的象征以及话语宣传和实践空间，为激发全民的抗战热情发挥了重要作用。在民国时期，中山公园多位于城镇中心，有重要的象征意义，是当时孙中山先生具有至高至尊政治领

图1-26　汕头市中山公园（面积20公顷，1925年命名，1926年奠基，1928年落成）

图1-27　厦门市中山公园（1927年兴建）

袖地位的物化体现。时至今日，尚有不少留存较完整的近代中山公园，如北京、上海、汕头、厦门等城市的中山公园（图1-26、图1-27）。

1.7　现代中国的园林成就

从1949年10月1日起，古老的中国进入了人民当家做主的社会主义建设新时代。回顾70多年的发展历程，大致可概括为4个阶段：

第1阶段：恢复建设时期（1949—1959）

新中国诞生后，各地人民政府迅速医治战争创伤，并将一些古代皇家园林和私家园林改造开放，使其成为人民群众的公共游憩地。1953年开始的第一个五年计划期间，全国城市大量新建公园，并加强了园林苗圃建设，进行街道绿化，使城市面貌发生较大的变化。1958年国家领导人提出"大地园林化"的号召，城市园林绿化工作掀起高潮，同年提出城市绿化与生产相结合的方针。1959年在无锡召开的第二次全国城市园林绿化工作会议，提出要加强公园绿地管理，要求各地城市公园自力更生，以园养园。

第2阶段：困难挫折时期（1960—1977）

1960—1963年间，国家遇到严重困难，人民生活遭受巨大影响。为了渡过难关，国家对园林行业倡导"园林结合生产"和"以园养园"，使全国园林绿化建设速度放缓、发展停滞，园林绿地面积缩小。1963年，建设工程部颁布《关于城市园林绿化的若干规定》，用积极的政策引导全国城市园林绿化建设事业走出困境。

但是在1966—1976年间，城市园林被视作"小桥流水封资修"的典范，遭受了空前浩劫。园林景区内的石碑、牌坊、古建、彩画等被严重破坏，公园绿地被鲸吞蚕食，砸花盆、挖草皮、毁古树名木的极左行为席卷全国，园林绿地和风景名胜受到巨大伤害。直至1977年8月中国共产党第十一次全国代表大会召开，历史才翻开新的一页。

第3阶段：拨乱反正时期（1978—1989）

1978—1989年间，中国共产党第十一届中央委员会第三次全体会议拨乱反正，重启国家四个现代化建设，发展商品经济，使中国社会发生了重大变革。在此期间，国家对园林事业重新认识定位，将其纳入社会主义现代化建设的重要内容，大力促进城市公园和城市绿化建设发展。全国各个城市不仅新建了许多公园和道路绿化，还广泛构建城市绿地系统，让园林绿地走进百姓生活。1982年在北京召开的第四次全国城市园林绿化工作会议，继续强调普遍绿化和苗圃建设。同年，国家主管部委颁布了第一个园林行业规章——《城市园林绿化管理暂行条例》，标志着中国城市园林绿化建设事业正式步入法制管理轨道。20世纪80年代中后期，全国城市园林绿化事业发展普遍加速。

第4阶段：快速发展时期（1990—2020）

　　1990年后，随着国家改革开放的力度不断加强，城市园林绿化建设事业迅速发展，成就斐然。1992年8月国务院颁布实施《城市绿化条例》，成为全国城市进行园林绿化建设和管理工作的法律依据。随着全民义务植树活动的深入开展，涌现出一大批"花园式单位"和"花园街区"（图1-28、图1-29）。

　　1992年12月，国家建设部启动创建和表彰"园林城市"活动，参照国内外先进城市园林绿化管理的经验，先后制定了《园林城市评选标准》（1992，1996）、《国家园林城市标准》（2000，2005，2010）及《国家园林城市系列标准》（2016）等规章，推动了城市园林化建设工作。至2019年底，全国共有455个城市被评为"国家园林城市"，达到全国城市总量的67%；有27个城市被评为"国家生态园林城市"。另外，还有473个"国家园林县城"和89个"国家园林城镇"，大大提高了我国城市的生态环境质量和园林景观水平。

　　新中国的现代园林建设，宏观上包括城市公园、城市绿化和风景名胜区三大领域，取得了举世瞩目的巨大成就。据全国绿化委员会办公室发布

图1-28　广东中山市凯茵新城岭峰天誉-挪威森林住区环境

图1-29　深圳市莲花山公园的迷人花景

的《2019年中国国土绿化状况公报》，我国城市建成区绿地率为37.34%，绿化覆盖率为41.11%，人均公园面积14.11平方米，达到世界发展中国家城市园林绿化的先进水平。大部分城市基本建成了功能完备的城市绿地系统，一些城市正在向"城在园中"的"公园城市"目标迈进。如深圳市公园数量已超过1000个，北京、上海、广州、杭州、成都、武汉等城市已基本构建城市公园体系。同时，全国风景名胜和遗产保护工作也成果辉煌，黄山、泰山、天山、丹霞山、武夷山、峨眉山、武陵源、九寨沟、黄龙、南方喀斯特地貌、北京颐和园、承德避暑山庄、苏州古典园林、杭州西湖、厦门鼓浪屿等一大批风景园林胜地，先后被联合国教科文组织批准列入世界自然与文化遗产名录，受到了最高级别的尊重。中国传统的园林艺术，正焕发出勃勃生机，在神州大地上绽放出美丽的花朵。

第2章
中国园林艺术的构成要素

图2-1 [清] 王原祁《仿黄公望山水》

艺术创作的基本单元是作用于人类感官的各种艺术形象。作为一门综合性空间环境艺术，园林营造与欣赏的基本单元为"园景要素"。它是园林空间审美趣味的物质基础，也是园林艺术的存在方式。换言之，园林艺术需通过一定的园景要素来表达。造园思想和材料及园林的实用功能，是构成园景的基础。

传统中国园林是一种兼有实用与审美双重属性的艺术作品，其园景布局有一定的章法可循，恰如中国山水画讲究谋篇布局的章法一样（图2-1）。清代文人钱泳在《履园丛话》中说："造园如作诗文，必使曲折有法，前后呼应，最忌堆砌，最忌错杂，方称佳构"。这种园林营造的"园景结构"，在我国古代的园林艺术理论中常表述为"理、法、式"之说。所谓"理",即反映造园活动特殊艺术规律的基本理论;所谓"法",即造园艺术中带有规范性的创作手法;所谓"式",即造园施工中具体运用的工艺样式或格式。

明代文人郑元勋在《园冶》题词开篇曰:"古人百艺,皆传之于书,独无传造园者何? 曰:园有异宜,无成法,不可得而传也"。但《园冶》本身,就说明自古以来中国园林艺术一直是有理可循、有法可依、有式可摹的。明代文震亨所著《长物志》和清代李渔所著《闲情偶寄》,都论述了园林艺术的"理、法、式"。用现代科学研究的视角考察,中国园林艺术的营造要素主要包含山水创作、建筑经营、植物配置、动物生趣、天象季相、景线布局、装饰陈设和诗情画意八个方面。

2.1　山水创作

山水是自然界中最富有艺术魅力的基本景观。在中国古典园林艺术理论里,"山水"是园林地形的简称。地形整理是创造园林景观地域特征的基本手段。山、水、平地的布局,奠定了园林景观环境的基本轮廓。被塑造的山水地形,是一种自然美与人工美相统一的艺术形象。

中国人常把园林里人工营造的山叫作"假山"(图2-2),因为它不同于由大自然地壳运动所形成的千岩万壑。园林中的湖泊、濠涧、瀑布、渊潭、溪流等,绝大多

图2-2　苏州环秀山庄的湖石假山

数也不是自然形成的。然而,这种"假"却是艺术的"真"。中国园林里创作的山水景观一般分为土山和石山两类,都是模拟真山真水的特征,加以艺术的提炼、概括,使之典型化,从而成为自然山水的艺术再现。

中国古典园林里的土山,主要是表现自然风景中有较厚土壤覆盖层且植被丰富的山,常在覆土中露出内部岩石,尤其在山顶或峪、涧、麓等雨水冲刷部位及断崖处,更多见石骨。这些石骨,是按照自然景观的特点而埋设的,因而又有"土包石"之称。山麓叠石象征山脚下裸露的岩石,不仅作为观赏的对象,还起着挡土墙的作用。土山的效果,除靠自然石的配置以外,主要是用植物来衬托山林气氛。尤其是可以远观的山,其峰峦气势实际上是由适当的植物配置形成的。山形轮廓的高低布局,一般以能突出山势的来龙去脉为原则。

中国园林里的石山,并不一定都是用石头砌筑成的,其工程做法大致可分为土胎石山和纯石山两种。土胎石山,俗称"石包土",是运用较少石料建造大体量石山的经济做法,其施工程序一般是先叠石、后填土,方可保证叠石有稳定的基础。纯石山堆砌时,一般要在配置植物之处露土留出花台,并常在山顶留出较大面积的土地植树。山体的峰峦处理,要结合山上的游览路线作"峰回路转"的布置,即每每于盘道转折处设增高的峰石(图2-3)。土胎石山的洞窟,一般也用石叠筑,做法与纯石山相同。由于石

图2-3　扬州个园有若自然的黄石假山

山可创作悬崖、峭壁、洞窟之类的景观，其园景结构和内部的游览路线也较土山更复杂。在中国古典园林里，石山常与水协作形成峭壁、洞、涧，其做法具有一定的程式。通常是在临水峭壁下设矶滩、盘道（图2-4），蜿转入谷涧，谷内隐藏可供小憩的洞窟并有石级盘道上山，经涧上所架石梁回转于峰峦之间，借以显示危崖高峥、谷深莫测，最后到达山顶平台，然后另设蹬道盘旋下山。清代著名园林匠师戈裕良所创作的苏州环秀山庄假山和常熟燕园湖石山"燕谷"，就是典型的范例。大型石山要注重身临其境的感受，利用山路变化强调深山幽谷曲折、崎岖、深邃、迷惘的空间特点。其设计手法一般是：欲上先下，欲左先右；看似出口，实为绝境；疑似无路，恰是通途。像苏州狮子林的石山，就突出游嬉迷宫的趣味以增加游兴，使人曲折迂回于谷道、洞府、峰峦之间，在很小的空间内上下左右盘旋而不易找到走出石山的途径（图2-5）。

图2-4　苏州环秀山庄的临水石矶

用自然山石叠置的花台在中国古典园林里应用较多，其叠石的章法略如叠山，但较简化，仅用山石自然地叠置于周边，中间蓄土以种植花木。在狭小的庭园或较大宅园的厅堂等建筑前后，常用叠石花台来表达山林环境的趣味。

自然界里的水体不仅具有调节大气湿度以改善小气候、滋润土壤以培育花木等作用，也与人类生命活动息息相关。因此，不论是在晴空万里之下，还是在烟雨霏霏之中，水景大都是美丽动人的。作为自然风景，水体往往能比山峦更给人以亲切感，成为园林造景

图2-5　苏州狮子林园中假山

的重要元素。

　　水景可丰富园林里的游乐活动，如采莲、垂钓、泛舟、流觞等。水体与山石、花木、建筑巧妙配合，能形成生动活泼、引人入胜的景观。中国古典园林中的理水方式，常把水源做成流泉、飞瀑景观以模拟自然。泉是地下涌出的水，瀑是断崖跌落的水。水源或为天然泉水，或为园外引水，或为人工水源。水源的形象，一般都做成石窦之类的景观，望之深邃黔暗，似有泉涌。瀑布有线状、帘状、分流、叠落等形式，重点在于处理好峭壁、水口和递落叠石的布置。

　　溪涧是一种泉瀑之水从山间流出的动态水景（图2-6）。溪涧宜多弯曲以增长流程，显示出源远流长、绵延不尽之意，多用自然石岸，以砾石为底，溪水宜浅，可数游鱼，又可涉水。两岸树木掩映，表现山水相依的景观。中国古典园林中著名的溪涧景观，有无锡寄畅园的"八音涧"。入内山涧伴人行，泉流石注，叮咚宛如乐音，艺术情趣源于自然又高于自然。

　　池塘、湖泊是成片汇聚的水面。池塘形式简单，平面较方整，没有岛屿和桥梁，岸线较平直，少叠石之类的修饰，水中植荷花、睡莲、荇、藻

等观赏植物或放养红鲤等观赏
鱼类，再现林野荷塘、鱼池的
景色。湖泊是一种广阔而集中
的水面，但园林中的湖，一般
比自然界的湖泊要小得多，多
数是一个自然式的水池。水面
宜有聚有散，聚散得体，岸线
曲折，常做成港汊、水湾，使
水面产生流域广阔、极目不尽
的效果（图2-7）。湖中设岛
屿，用桥梁、汀步连接，增加
了空间变化和景深层次。水面
与岸边的陆地极其接近，使之
产生湖水拍岸、荡漾浩瀚之
感。岸边常设石矶、滩头，配

图2-6 无锡寄畅园八音洞

植以深柳疏芦，宛如水乡泽国的野趣情调（图2-8）。

图2-7 无锡寄畅园湖面水石景

图2-8　无锡太湖边的蠡园，通过曲折的驳岸和山石岛屿使水岸空间景观开阔而富有层次

2.2 建筑经营

人类营造园林，主要是基于一种想在能经常与自然要素相联系的理想境域中生活的需求。游憩建筑是解决园林中遮阴蔽雨、满足游览休息以及提供各种实用功能的主要设施。为了能在园林中舒适地生活，建筑是不可缺少的造园要素。无论古今中外、皇家私家，莫不皆然。建筑物在园中山水花木等自然要素的映衬下，不仅轮廓鲜明、形象突出，而且容易成为人们观赏的视线焦点，因而常被设置为园景构图中心和游赏主景。

中国古典园林的营造历来注重对园林建筑的经营，使之成为在特定的自然环境中人的形象及其生活理想和力量的物化象征。一般都力求将各类游憩性的景观建筑布置在欣赏景致的最佳位置，使其成为园林美景的最佳观赏点。同时，园林建筑本身也是极其优美的景观，仿佛凝固的诗，立体的画。

在中国古典园林里，建筑的数量、大小、式样、色彩等方面的处理，对园林风格的影响很大。例如，北京颐和园，在碧波荡漾的昆明湖与重翠浓荫的万寿山之间，重点布置了几组金碧辉煌的楼台殿阁，表现君临天下

图2-9　北京颐和园"画中游"建筑

图2-10　苏州拙政园"小飞虹"桥廊

的皇家气派。一眼望去，宛如色彩浓重、施金青绿山水的宋画（图2-9）。再看苏州园林，粉墙黛瓦，翠竹掩映，全然是另一种清新典雅、如水墨淡彩似的格调（图2-10）。

中国古典园林里的建筑，一般都具有使用和观赏的双重功能。建筑常与山池花木搭配组成园景，并作为园景的主体形象。同时，建筑又往往是观赏山水景观的最佳位置，因此成为园内的主要观赏点。为了适应园中营造的山林、湖泊等自然景观环境，园林建筑也是借鉴了生活中各种依山傍水的实用建筑而创作的。

例如，中国古典园林里常用的亭子，其建筑形式就来源于田间耕作间歇及避雨的休息棚、水车棚、井亭以及在村野山道上为旅人小憩、待渡而设的路亭；园林水榭的建筑形式来源于干阑式民居；旱船或船厅的建筑式样，脱胎于画舫和楼船。廊桥的原形是山野、田间的风雨桥，是一种路亭与桥梁的结合体，兼有跨水交通及为行人遮阴、蔽雨及小憩的功能；而各式石板折桥，则是南方水乡纤桥的变体写照。

从使用功能上看，中国古典园林的建筑形式大致可以分为四类：

（1）**风景游赏建筑**　通常结合地形布局于自然山水或园林环境中，可独立成景，如厅、堂、斋、室、馆、舍、楼、阁、亭、轩、廊、榭、舫等（图2-11）。

（2）**庭院游憩建筑**　其特点是以一组建筑围合成相对独立的庭院空

图2-11　风景游赏建筑——苏州拙政园水廊

图2-12　庭院游憩建筑——北京颐和园"湛清轩"

间，穿插布置绿地花木，使室内外空间能相互渗透，满足园主园居生活的游憩需要，如茶庭等（图2-12）。

（3）**交通景观建筑**　园林中所建设的各式园路、桥梁、蹬道、码头、船坞等均属此类，一般兼有交通与造景功能（图2-13）。

图2-13　交通景观建筑——北京颐和园十七孔桥

（4）**小品雕饰建筑**　诸如景门、景窗、座椅、园灯、云墙、篱垣、花架之类的建筑小品，也包括露天的陈设、家具、雕塑、园林建筑构件细部装饰和小型景观点缀物等（图2-14）。

中国园林建筑的营造讲究追求人造空间与自然景观和谐融洽。在中国园林里，自然景观是主要的审美对象，建筑要和自然环境相协调，方能体现出诗情画意，使人更好地体会自然之美（图2-15、图2-16）。同时，自然环境因为有了园林建筑的装点，往往更加富有诗意和情趣。所以，中国园林里的建筑形象，常成为造景构图的中心，对自然景观起到画龙点睛的作用。如圆明园的40景，避暑山庄的72景，多数是以建筑及其特色景观为题。颐和园昆明湖畔的长廊，建筑本身就是良好的游憩景观，还能起到组织游览路线的作用。

中国古典园林里的一墙一垣、一桥一亭，无不力求融入自然并充分发挥其成景、点景的作用。中国古典园林建筑上大多有匾额楹联，室内还挂有与景观意境相呼应的诗画。这些诗画和书法艺术也能起到点题和审美引导的作用，体现出造园家的艺术匠心。

图2-14　小品雕饰建筑——苏州狮子林景门景墙

图2-15 建筑融入自然（北京颐和园"无尽意轩"）

图2-16 建筑诗化自然（苏州拙政园"与谁同坐轩"）

2.3 植物配置

在自然环境里，植物是最富于变化的景观要素，也是风景资源的重要内容。"远山一带翠屏，近水两岸垂柳""当庭一树浓荫，窗前几盆花木""晓风杨柳，夜雨芭蕉""绕池柳借翠，隔院花分香"……从《园冶》等古代造园著作和描绘这些动人景观的诗词绘画中可以看出，园林植物以其姿态、色彩、光影、气味等特征，无时不给人以美的享受（图2-17）。

图2-17　张大千绘画——《有竹居》

中国古代造园很早就重视植物材料的运用。早在先秦时期，天子、诸侯的苑囿中，就已经出现以植物为主的园林造景活动，尽量仿效自然景观进行植物配置。西汉时期，汉武帝扩建秦始皇的上林苑，在方圆300余里（约707万公顷）的皇家园林里广植奇花异木达3000多个品种。三国曹魏的芳林苑，结合造山配置高林巨树、悬葛垂藤。晋代宫苑营造突出植物造景，产生了琼圃园、灵芝园、桑梓园、葡萄园等名园。南北朝时期，自然景观的小园兴起，植物配置更是极尽自然幽美之能事。如梁王"兔园"之"青树玉叶，弥望成林……缥草丹葩，江篱蔓荆……于是金塘缅演，绿竹被坡。"

图2-18 冰清玉洁之睡莲

唐代东京、西京的贵族宅园中，尤喜配置竹木。北宋宫苑寿山艮岳，远取江浙珍花奇树，与动物配合点缀山野景观。而洛阳名园，注重花卉的造景，于池亭之间广植牡丹等花木。李格非所著《洛阳名园记》对此详有记载。至明清两代，文人造园更赋予园林植物人格化寓意，使之升华到情景交融的审美境界（图2-18~图2-22）。清代钱泳在《履园丛话》笔记中，就记载了不少以植物命名的园林或园内建筑与景区，诸如：青藤书屋、双桐书屋、樱桃馆、柿叶居、芙蓉渡、紫藤阁、牡丹厅、芳草坨等，足可见植物造景在中国园林艺术中所起

图2-19 春花灿烂如霞（榆叶梅）

图2-20 典雅高贵的紫玉兰

图2-21 妖娆春华之碧桃

图2-22 百花公主之月季

的重要作用（图2-23）。

　　中国古典名著《红楼梦》所描绘的"大观园"，展现了一幅幅色彩斑斓的植物造景场面："转过山坡，穿花度柳，抚石依泉；过了荼蘼架，再入木香棚；越牡丹亭，度芍药圃，入蔷薇院。出芭蕉坞；盘旋曲折，忽闻水声潺潺；泻出石洞，上则萝薜倒垂，下则落花浮荡……"所以，创造景观变幻且富有生趣的园林空间，是中国古典园林里植物造景的基本功能（图2-24）。其目的，是通过富有诗意的植物配置使建筑与山水共同组成尺度宜人、比例适当、气氛幽静的空间环境，并形成变化多端的光影效果。园林植物不仅具有个体审美价值，还可以用来组织园林的景观空间，以取得"似隔非隔、相互渗透"的景观效果。正所谓"山重水复疑无路，柳暗花明又一村"（图2-25、图2-26）。

　　在中国古典园林的造园艺术中，构思巧妙、经营得当的植物配置，能够形成一些其他造景要素难以达到的艺术效果（图2-27）。较为典型的

图2-23　万竿翠竹伴幽径——杭州西湖"黄龙吐翠"景区

图2-24 北京颐和园春日盛开的连翘

图2-25 北京香山早春怒放的白玉兰

图2-26 颐和园谐趣园知鱼桥旁的依依垂柳

图2-27 绚烂秋色之银杏

有：隐蔽园墙，拓展空间；笼罩景观，成荫投影；分隔联系，含蓄景深；装点山水，衬托建筑；陈列鉴赏，景观点题；表现风雨，借听天籁；散布芬芳，招蜂引蝶；根叶花果，四时清供等。植物材料在自然界有丰富的生命周期与季相色彩变化，因此常被用于渲染园林的景观色彩，表现园景的季相特征，表达造园家希望传达的特定艺术情趣（图2-28）。中国园林植物造景艺术之精湛，为世界各国的园林专家所称道。

图2-28 以赏荷为主题的苏州拙政园"远香堂"景区

2.4 动物生趣

动物和植物一样，也是自然生态要素之一。在自然界，各种动物、植物之间保持着一定的生态平衡关系。因此，在中国古代营造的自然式园林里，不仅讲究对植物的配置，同时也常用一些观赏动物作为园景的点缀以增添生趣（图2-29~图2-31）。

在中国造园历史上，很早就将动物作为园林的景观内容之一。据《史记》记载，距今3000多年前的商纣王已经开始在苑囿中圈养"狗马奇物""野兽蜚鸟"。西周时，"文王有囿，方七十里"。其中不仅有野生的雉、兔，还畜养了作观赏之用的鹿、水禽和鱼类。《诗经》中有"王在灵囿，麀鹿攸伏。麀鹿濯濯，白鸟翯翯。王在灵沼，于牣鱼跃"的诗句，就反映了这种情形。

图2-29 天鹅弄影

图2-30 游鱼戏波

图2-31 绍兴兰亭鹅池

秦、汉时期的园林营造继承了园中点缀动物的传统。在广袤的上林苑里，设置了各种畜养动物的兽圈，如"虎圈馆""射熊馆""鹿观""走狗观"等。每到秋冬季节，皇帝率百官在苑中巡狩围猎。西汉文帝次子梁孝王所造的东园，方圆300余里，园中有猿岩、雁池、鹤洲、凫岛等景观，可见观赏动物与自然景观是密切结合的。据史载，茂陵富豪袁广汉在北邙山下所筑私园里，在人为的山水景观之间点缀白鹦鹉、紫鸳鸯、牝牛、青兕等奇兽怪禽以供赏玩。

唐代大诗人王维、白居易，都曾在自己的宅园中放养过鹤和鹿以助诗兴。北宋宫苑寿山艮岳，更是在充满奇花异卉、灵峰怪石的山林景观间畜养珍禽异兽，以至在金兵压境时，宋钦宗下令将园中10余万只山禽水鸟都扔到汴河里任其所之，并将园中豢养的数千只大鹿用来犒赏三军，以唤士气。清乾隆时期，圆明园中自然放养着天鹅、仙鹤、鸿雁。康、乾二帝为承德避暑山庄所题的72景中，有不少是以动物为点景主题的。如"松鹤清越""莺啭乔木""石矶观鱼""驯鹿坡""松鹤斋""青雀舫""试马埒""知鱼矶"等。

中国古典园林中常用的动物，一般都经过仔细的选择。除了要考虑饲养、管理上的方便，以及卫生与安全因素外，还要根据园景创作内容来合理选用。例如，以水景为主的园林景区，多放养水禽和观赏鱼类；以山林为主的园林景区，多放养走兽和鸣禽（图2-32~图2-34）；空间尺度较小的园林，不宜放养大型动物，常点缀几只体型较小的水禽走兽。具体而论，人工畜养的温顺动物（如鹿、兔之类），常自由放养在山林、溪畔；仙鹤、鸳鸯、鹭鸶等，多点缀在湖畔、矶滩；孔雀一般放在庭院之中，周围配以景石和蒔花以求富丽气氛（图2-35）；鹦鹉、八哥、画眉、百灵等鸣禽，常用笼架点缀于窗前檐下，增添自然气息。

园林中自然聚集的昆虫与飞禽，一般会自主选择自身的栖息处，无须人工刻意安排，便能与环境协调。如候鸟、蝉类常活跃于山阜林木之间；蟋蟀、蚱蜢、纺织娘、萤火虫多栖息于山石缝里、墙根阶下；蜜蜂、蝴蝶、蜻蜓等终日奔忙于花草丛中……千百年来，这些观赏动物已成为园林景致的构成要素之一，与山水、植物、建筑等要素组成和谐统一的中国园

图2-32 鸳鸯戏水（苏州拙政园）

图2-33 鹤舞斜阳（北京动物园） 图2-34 杭州西湖花港观鱼

图2-35 孔雀开屏，宛若天仙

林艺术形象。

2.5　天象季相

　　中国古典园林的营造，一贯重视对自然天象和季相的借景利用。即将日月星辰、天光云影、阴晴雨雪、草木枯荣等自然现象也视为园景素材，巧妙地将其组织成优美动人的园林景观（图2-36）。天象和季相，是中国古典园林能够成为一种时空艺术的重要因素之一。

　　园林景观的明暗与色调变化，主要是由天光云影渲染所成。日照星辉的晨昏更替（图2-37、图2-38），阴晴雨雪的天时变幻，春夏秋冬的四时轮回，在园林景观上都有直接的表现，如春华秋实、春燕秋虫等。即使是同一处园林景观，在晴空赤日或溶溶月色下，也会有不同的审美效果。园林景观处于自然空间之中，寓于自然天时季相之内。若能将天象借用得恰到好处，使园林里步移景异的景象与天时推移的渲染效果相叠加、相融合，

图2-36　丽日和风卷疏云（承德避暑山庄）

图2-37 晨晖（杭州西湖）

图2-38 夕照（北京颐和园）

图2-39 春之声（垂柳，杭州西湖花港）

能大大增强园景的艺术感染力，使人感觉趣味无穷。所以，在中国传统造园艺术中，非常讲究对天象的"应时而借"（《园冶》）；例如，"植芭蕉以邀雨""辟水池掬月弄影""筑茅亭卧听松涛"等。

中国古典园林里观赏植物的形态与色彩，最讲究季相特征。孟春之月，万象更新，枝翠叶绿，绽放出点点红花，正所谓："浓绿万枝红一点，动人春色不须多"。仲春至初夏时节，百花争艳，此时出没花间，徘徊池上，四顾园景可谓琳琅满目，美不胜收（图2-39、图2-40）。

秋天的植物色彩更为丰富，在高爽的湛蓝色天空的映衬之下，一片片的红枫，一丛丛的黄菊，树叶由暗绿转而变为淡黄的落叶树与依

图2-40　夏之花（木绣球，扬州个园）

然苍翠的常绿树，汇成一幅色彩绚烂的秋景图（图2-41、图2-42）。

即便是到了万木萧疏、花寂叶静的冬季，却仍有青松傲雪、红梅斗霜、山茶迎春、水仙吐芳的景致，装点着各类园林景观（图2-43）。

图2-41　秋之韵（毛白杨，北京动物园）

中国园林里常用的主景树木，一般都讲究"春发嫩绿，夏被浓荫，秋叶胜似春花，冬枝则似枯木寒林"的画意，追求四季皆宜的佳景，使人充分感受到大自然的勃勃生机和季相变化的无穷真意。

图2-42　霜叶红于二月花（北京颐和园）

图2-43　冬之趣（龙爪槐，北京颐和园）

2.6　景线布局

图2-44　游览路径是园林里最重要的景线，力求是路也是景

从空间上考察，中国古典园林的园景结构是由景点、景区和景线等要素组合而成。所谓"景线"，是指园景要素的线性组合形态。从平面上看，景线有园路构成的游览线、池岸构成的水形线、花卉装饰的图案线及树木群落的林缘线等；从立面上看，景线有建筑的轮廓线和林冠的天际线等。其中，园林中的路径是最重要的景线。它除了有交通的功能外，还有组景的作用，起到导引园景构图与游赏的效果（图2-44）。

图2-45　景线停点：园路的放大形态——铺装平台

中国古典园林中的路径，是联系园景与游人的媒介，使之得以身临其境，实现其游园活动，从而接受园林艺术的感染。园路是重要的园景导引要素，它决定各园景空间的位置关系，组织园景的展示程序、显现方位、观赏距离和更替变化，对园景起着剪辑作用。因此，中国园林艺术创作中一向非常重视园路及其停点的设计，力求做成工程与艺术相结合的展品，是路也是景（图2-45）。

中国园林营造艺术所推崇的"曲径通幽""峰回路转""开门见山""山重水复疑无路，柳暗花明又一村"等园景效果，大都是依赖园路

图2-46　苏州拙政园的滨水景线

的导引形成的。园路是园景的脉络和视点运行的组织者。所谓一个园林的园景构图是否优美，实际上是指园路上各个观赏点所展现的画面构图优美与否。因此，园景创作不能脱离园路孤立考虑，园景要素需要景线的合理组织才能形成优美的园景构图。

中国古典园林中的景线布局，一般具有下列特性：

（1）**诱导游园**　即将游赏路径包涵于园林景观之中，把景点安排在游线上。人们沿路游览，所设景观历历在目，如入天然图画。园路就成为循序渐进观赏园景的最好向导（图2-46）。至于园墙边角等无须一看的地方，常无明确的园路可通，只是因管理的需要，才设置不引人注意的小径。

（2）**与景对应**　即中国传统造园理论中所说的"因景设路、因路得景"。园林里设置的每个园景要素，大至湖山建筑，小至疏竹顽石，都有其最佳的观赏角度和距离。这种最佳角度和距离，全靠合理组织的园路来获得。园路规定了游人观赏的基本轨迹，游人在行进过程中观赏景物的角度因园路而不断变换，使有限的景物形成无限的景观效果，即所谓的"步移景异"。有些路径本身的景观作用就比较强，如游廊、曲桥等，既是路，也是景。

（3）**行进曲折**　中国园林里的道路，多配合山水环境而有意地布置成曲折的形式。这种"舍直就屈"的平面形式，本身就包含着"师法自然"

的理念，因为在大自然中是很少有直线的。曲折迂回的园路，不仅增加了景观层次，扩展了景面，丰富了观赏效果，进一步激发了游兴，而且增加了游程，延长了游览时间，起到了拓展游览空间的作用，形成在有限的园地里营造了无限风光的幻觉。明代造园大师计成所著的《园冶》中说"蹊径盘且长"，很精辟地阐明了这个园林营造艺术原理。

（4）**周始回环**　中国古典园林为了在有限的空间里充分利用地段，游线要尽可能地遍布全园。不同路径

图2-47　扬州个园的秋山蹬道

之间要首尾衔接，相互贯通。图解示之，即为环行。各个局部呈小回环，全园又有大回环。如此串联各景点，能使游园活动从不同方向进行时都能连续，避免游人走回头路。

（5）**形态变幻**　园路作为园景的一部分，形态上有丰富多彩的变化。中国古典园林里园路的基本形态是甬路，其扩展形态有庭院、广场；与建筑相结合的形态有游廊、穿堂、过厅；与山体相结合的形态有蹬道（图2-47）、隧洞、谷涧、飞梁；遇水面的变化形态有长堤、步石、桥梁等。中国古典园林之所以能给人以"画中游"之感，就在于游览园路本身的形态也是丰富多变的景观。

（6）**巧饰铺装**　园林路面的铺装，能保护地面，防止雨雪泥泞，以利通行。在中国古典园林里，结合园林造景的特点，常利用路面平坦、粗糙或坎坷的质感，控制游览行进的速度以配合对周围景物的观赏。在艺术

图2-48　假山障景（苏州狮子林）

上，园路铺装一般要服从于景观环境，使游人通过视觉和触觉感受所处景观空间的特有情调。如：登山盘道多采用条石或块石铺装，符合山林环境的总体情调；湖滨池畔的游路常用卵石铺装，甚至直接用较大颗粒的砂石铺路，人行其上，脚底哗哗作响，仿佛浪花细语，别有一番情趣。

中国古典园林的营造，常运用障景、对景、框景、点景手法处理园路的景线布局和空间关系。

（1）**障景**　障景是对园景要素的部分遮挡或隔断。园林景观的分隔，依赖于障景的处理；而相邻景观空间的过渡，即动观序列的组织，往往也要靠障景的引入（图2-48）。中国古典园林里的"园中之园"，多是运用障景手法分隔全园为若干趣味不同的景观组群，形成相对独立的景区。障景除分隔景观外，还用以处理园门、园墙，隐蔽边界，使游人莫测深远，以保持不尽的趣味。曲径通幽、峰回路转等景观组织效果，都是靠障景处理来过渡的。

园林障景有"实障"与"虚障"之分。实障是隔断性障景，多用假山、建筑组成，一般用于不同趣味、情调景观之间的分隔。在实际造园中常用"隔而不围""围必缺"的处理方式，使游人能通过障景的阻断与导引进入另一景观空间。虚障是渗透性障景，似隔非隔，欲断还通，使相邻景观之间保持若即若离、藕断丝连的关系，多用于两组情趣相近的景观空间划分。虚障能增加园景层次，创造"小中见大"的园林观赏空间。在江南园林中，虚障多采用连续排列漏窗的方式，其景观的渗透程度由漏窗的

图2-49　洞门对景（苏州拙政园"晚翠"）

数量及花纹的繁简来控制。还有用连续洞窗的半廊隔断及疏林、竹幕等植物手法处理的虚障，如无锡寄畅园。

（2）**对景**　对景多用于景点间的联结，用以加强园林空间构图中的呼应与联系。如果说障景是"掩"，对景就是"映"。如苏州拙政园中部的枇杷园，虽自成一个景区，但由枇杷园的月洞门向北望，与园中主厅远香堂对面的"雪香云蔚亭"也恰为对景（图2-49），从而实现了枇杷园与其他景区的视线联系。

对景作为联结的因素，有松紧之别。紧密者，景点之间有明确的呼应关系，甚至是轴线关系。如颐和园的排云殿与佛香阁，北海的琼华岛白塔与团城，拙政园的远香堂与雪香云蔚亭等。这种对景，常以建筑物的柱、楣、隔扇、挂落、栏杆、洞门所形成的框架作为取景边框，使对景明确而集中，又被称作**框景**（图2-50）。扬州瘦西湖湖心亭的洞门、洞窗，同时可以摄取到远处的白塔及五亭桥景观。松散者，多指人们能从园林中的亭、廊、台、榭里随机搜寻到的对景。其景观或远或近，各有情趣，环

图2-50 窗柱框景（杭州西湖曲院风荷）

图2-51 园路转角点景（杭州西湖）

顾之下仿佛是一幅手卷，可任凭游人选择观赏的方位并剪裁成惬意的景色。

（3）点景 点景是指运用造景要素在景线的局部上点缀，起着弥补空白、活跃死角、锦上添花的作用（图2-51）。在中国古典园林中，点景多采用花草、树木、叠石、石峰、石笋、石刻之类的素材，配合小幅度的地形处理。点景的位置，或在房前屋后的夹道、小天井，或在路边、墙角的空白处。如苏州留园"华步小筑"等独立设置的小景，就属点景之列。

点景可分为即兴点景与标题点景两类。所谓"即兴"，就是随园林营造的过程一时兴之所致，任意点缀，如苏州留园石林小院里的诸多花木竹石的点景。标题点景，是配有标题命名题刻的一组小景，带有独立景观的性质，如苏州留园的"古木交柯""华步小筑"等。

2.7 装饰陈设

装饰与陈设，是人居环境空间营造的重要内容，也是造园家表达特定艺术理念与情思的工作对象。园林空间的诗情画意和意境联想，很大程度上来源于观赏者对审美环境的切身体验。其中，园林里各种精美的装饰陈设起到了烘托、点题等作用（图2-52）。

图2-52　门楼砖雕（苏州网师园）

在中国古典园林中，精致的室内外装饰、精湛的装修工艺和恰如其分的文玩陈设，均为园景营造的要素。园林空间中装饰陈设的主要景观要素，包括家具、灯具、文具、帏幔屏风、文玩字画等。尤其是一些独具观赏价值和使用功能的建筑小品和雕饰物，广泛用于点缀园景和丰富游憩空间，如牌坊、门楼、照壁、花架、花坛、花盆、栏杆、桌凳、经幢、雕刻、铺地等，使景观效果生动精彩。

中国古典园林中的装饰陈设，重在表达"亲和自然、享受人生"的园林美学理念，致力创造富有特色的"吉祥文化"空间。如江南园林中的建筑，造型曲线活泼生动，墙体和屋面多用黑白两色以形成明快的对比，木构件上的彩绘则多用青绿、赭石等质朴的色调，配以造型丰富雅致的栏杆、隔扇、漏窗等装饰（图2-53）。有些园林，在装修上甚至直接运用能充分体现园主人格理想和情趣的图案式样。像苏州耦园"山水间"水阁的落地罩为全幅透雕"松竹梅——岁寒三友"，相传是明代遗存的工艺品。

自五代两宋以后，山水画迅

图2-53　瓶饰漏窗（苏州留园）

速发展并成为中国文人画的主要形式之一，并影响于园林创作，大多数园主崇尚以山水画和绘有大幅山水的屏风等艺术品作为室内装饰陈设。从宋代起，文玩古董成为文人园林中室内装饰的重要内容。

中国古典园林里的装饰陈设，同样强调因地制宜。如：苏州园林中的游憩建筑，着重表现屋脊的线条轮廓，玲珑出挑，少用易损伤的精细挂落装饰；庭院家具以古朴的石凳、石桌、砖面桌之类为主；厅堂轩斋有门窗者，则配精细的装饰，家具多为红木、紫檀、楠木、花梨木所制；为满足不同季节的舒适度需要，

图2-54 苏州拙政园卅六鸳鸯馆室内陈设

图2-55 苏州网师园看松读画轩室内陈设

夏用藤绷椅面，冬加椅披坐垫。室内的配套陈设，亦根据建筑物或华丽或雅素的风格分别处理。华丽者用红木、紫檀，雅素者用楠木、花梨木，并辅之以繁简适度的雕刻花饰（图2-54）。网师园室内有各式装饰精细的门窗、挂落、栏杆、纱隔、地罩，古色古香的家具陈设，室外洞门、漏窗、铺地等细节的样式也变化多样，古朴雅致，精美自然，达到了相当高的艺术水平（图2-55）。

　　苏州狮子林园内"燕誉堂"建筑为鸳鸯厅，正中用屏门一隔为二。南、北两个半厅地下和墙上图案各不相同，家具陈设式样各异。南厅有窗，长窗用透明玻璃；北厅无窗，长窗用彩色玻璃。前庭内高大的白墙下筑花坛，丛植牡丹，两旁植玉兰，寓意"玉堂富贵"。北京故宫乾隆花园"古华轩"，伴古楸树而建，四面开敞，不施粉彩，全部楠木本色，楹联上书"明月清风无尽藏；长楸古柏是佳朋"。园内的"三友轩"，取意岁寒三友之"松寿、竹贞、梅雅"，庭院中以松、竹、梅为主，建筑内檐的装修亦以此为题材。

　　特别值得一提的是，中国古典园林里广泛运用的石雕花饰和漏窗，已成为中国园林艺术的标志符号之一（图2-56、图2-57）。漏窗是一种满格的装饰性透空窗，在窗洞内有漏空的花饰图案，又名"花窗"（图2-58）。计成在《园冶》中称之为"漏砖墙"，并说明其用途为"凡有观眺处筑斯，似避外隐内之义"。园林中漏窗高度一般在1.5米左右，与人眼视线相平，透过漏窗可隐约看到窗外景物，取得"似隔非隔"的赏景效果。尤其

图2-56　石雕花饰（北京圆明园）

图2-57　彩玻花窗（番禺余荫山房）

图2-58 漏窗景墙（扬州大明寺）

是它用于面积小的园林时，可以增加空间层次，减少空间闭塞感，求得"小中见大"。

中国古典园林里应用的景墙窗洞形状多样，《园冶》中就列举有16种精巧细致的漏窗形式，有方、圆、六角、扇形、菱形、花形等。窗内花纹又有连钱、迭锭、竹节、海棠等式样。漏窗内花纹图案多用瓦片、薄砖、木竹等材料制作，有套方、曲尺、回文、万字、冰纹等。清代以后，南方园林匠师更以铁片、铁丝作骨架，在园林建筑上运用灰塑手法创作出丰富的人物、花鸟、山水等美丽图案，引人入胜。

中国南方的古典园林讲究精致小巧，厅堂等主景建筑多以曲廊相连，部分曲廊单面或双面均有廊墙。廊墙上开设漏窗，既增加了墙面的明快和灵巧效果，又通风采光，一举而两得。漏窗本身有景，窗内窗外之景又互为借用，隔墙的山水亭台、花草树木，透过漏窗，或隐约可见，或明朗入目，倘移步看景，则画面更是变化多样，目不暇接。

苏州古典园林内的漏窗构筑内容多为花卉、鸟兽、山水或几何图形，也有以传奇小说、戏曲及佛道故事的某些场面为题材，如沧浪亭的108式漏窗，留园长廊的30多种漏窗，名闻天下。其中，以狮子林的"四雅"（琴、棋、书、画）漏窗最具文化意义。在这四个不同形状的漏窗中依次塑有古琴、围棋棋盘、函装线书和画卷图案，加上窗下栽植的南天竹、石竹、罗汉松等花木，与粉墙漏窗巧相搭配，既具有形式美感，又饱含耐人寻味的幽雅情调。

中国古典园林中的装饰陈设，具有淳厚丰富的文化内涵，承载着大量传统文化信息，蕴含着中国古代哲理观念、文化意识和审美情趣，并带有鲜明的时代印迹（图2-59、图2-60）。它作为历史文化遗产，具有很高的艺术和文物价值。

图2-59　北京三海宫苑中的北海九龙壁

图2-60　佛山祖庙的灰塑雕饰

2.8　诗情画意

传统的中国画讲究题咏，在一幅画的上方、下方，或是一角，用洒脱俊逸的书法，写上几个字或几句诗文，题上落款，并加盖印章。这些题记、边款和印章，不但正好完成了一幅画在构图上的经营，而且题记的内容，又同绘画融会贯通，起到了拓展画面意境的作用。

中国古典园林的园景，除客观的景观空间外，还包括了升华景观的文学表现形式，即所谓的"景题"和"景趣"。它们源于景象又高于景象，可谓是"象外之象""景外之景"，对园景内容起到概括提炼、浓缩升华、画龙点睛的作用。中国古典园林的艺术创作，和中国山水画的绘制一样，讲究景观主题的诗文表达，即景题。不但一座园林常有标题，而且园中各个景点也多有标题和抒发情景的诗文题咏。这些景题与园景的营造要素相结合，可以阐明特定园景形象的创作思想和审美情趣，或作为古雅的文物鉴赏对象，成为中国园林艺术重要的组成部分（图2-61）。

图2-61　苏州网师园"月到风来亭"

从中国园林的创作逻辑上来看，造园的主题（或初衷），一般都来自作者对某种自然山水景观的艺术情思，有着比较明确的文学意味。然后，相地立基、造山理水、种植花木、赋诗题名，创作出园景主题所要求的艺术氛围，使人在游赏中能通过园景形象而领会到造园意境。例如：

苏州网师园，题名"网师"，寓意"渔夫"，园名就暗含着"江湖归隐"的意思。顾名思义，该园就应当以水景为主题，其他的园景要素，如树木花草、鸣禽游鱼、山石岩洞、堂榭亭轩等，都要围绕着"渔隐"的主题来安排。因此，江湖"渔隐"之趣，便是网师园营造者所要表达的意境。游人可以通过园中各种景观的感染和暗示，领会其深刻的园林意境。

苏州环秀山庄在主景湖石山的山阴阜地小潭旁，设有方亭一处，题作"半潭秋水一房山"，巧妙地将山水、建筑及植物景观整合在一个诗意盎然的主题思想之中。造园的意境，也由此得以表达和升华。

中国古典园林中的诗文题咏与自然景观结合在一起，能够恰到好处地点出园景创作的主题，给人以富于诗意的美感（图2-62、图2-63）。建筑物上的题咏，多用匾额和楹联。其中，悬置于门楣之上的题字牌，横置者称

图2-62　始建于宋代的苏州沧浪亭镌有名联：清风明月本无价，近水远山皆有情

图2-63　苏州虎丘"亦山亦水"景门

为"匾"；竖悬者称为"额"；门两侧柱上的竖牌，称作"楹联"。在风景园林的山水环境里，也有将景题刻于石上，如风景区的摩崖石刻。这些诗文景题，或记事，或写景，或言志，或抒情，都是为了突出地表达园林营造的中心思想和最佳游赏情境。

在中国古典园林中，好的诗文景题能画龙点睛一般，使一座本来是由山池馆树组成的园林，又生出许多情趣，仿佛为园林景观增添了某种生命活力。恰如文学家曹雪芹借《红楼梦》书中人物贾政之口，对大观园题咏一事所发的议论："……若大景致，若干亭榭，无字标题，任是花柳山水，也断不能生色"。

中国古典园林中的景物题名，常引用前人的诗句，或略作变通写成。例如，苏州拙政园中，绣绮亭引自杜甫诗句"绣绮相展转，琳琅愈青荧"；宜两亭引自白居易诗句"明月好同三径夜，绿杨宜作两家春"，借喻该亭借景两园之胜；远香堂借用周敦颐《爱莲说》中"香远益清"的高尚气韵；留听阁则取李商隐诗中"留得残荷听雨声"的风雅意境。园林中的景题也有自行创作、即兴而题的，如承德避暑山庄的"锤峰落照""云帆月舫"，苏州环秀山庄的"问泉亭"等。一个好的园景题名，常可使园景的气韵陡增。如苏州拙政园"香洲"一景，为明代著名画家文徵明所题。不仅"香洲"二字题得十分耐人寻味，而且还因它出自名家之手，足以引人在其面前咏叹一番，抒发思古之幽情。如此名人题刻，确实能使小园增光添彩。

诗文点染在中国古典园林中的艺术作用，还在于促使园林景观升华到意境审美的高度，即对园林意境的开拓。园林景观只有有了诗文题

名、题咏的启示才能有效引导游者联想，使审美情思油然而生（图2-64~
图2-67）。例如：

1）苏州拙政园湖山上植有梅树。只缘其中景题"雪香云蔚"的提示，
就使人顿觉踏雪寻梅的诗意。园中主景建筑的对联"蝉噪林逾静，鸟鸣山
更幽"，开拓了山林野趣的意境，再加上文字是出于明代才子文徵明的手
笔，更增添了景致的文采风流。

2）苏州沧浪亭竹林中的建筑物题名为"翠玲珑"，加以对联题咏"风
篁类长笛，流水当鸣琴"，顿然加深了竹林景观之外的隐逸之境。

3）北京颐和园里谐趣园的"饮绿"亭，有对联曰："云移溪树侵书
幌，风送岩泉润墨池"，恰到好处地点出了园居读书的意境。

4）北京故宫御花园内的"绛雪轩"，因轩前植有五株海棠而得名，春
日花开，落英缤纷如同绛雪，真是"花与香风并入帘"。

5）苏州狮子林园中主厅"燕誉堂"，富丽堂皇，高大宽敞，装修精

图2-64　苏州拙政园"与谁同坐轩"内景

图2-65 番禺余荫山房入口

图2-66 北海静心斋"抱素书屋"

图2-67 无锡太湖景区"天香碧落"小院

美。其堂名取自《诗经》："式燕且誉，好尔无射"，表示名高禄重，荣宗耀祖。

6）镇江焦山顶的别峰庵郑板桥读书处，小屋三间，竹树掩映，门上题联云："室雅无须大，花香不在多"，为小斋闲庭增添了简朴幽雅的意境。

至于中国的名山胜境，凡景观绝佳处往往都少不了表达景题的名联、名匾。例如，昆明大观楼（图2-68）有清代名士孙髯翁撰写的180字长联，状景写情，咏叹兴衰，气势磅礴，蔚为大观，堪称一绝，被世人誉为"古今第一长联"。全文如下：

五百里滇池，奔来眼底。披襟岸帻，喜茫茫空阔无边！看东骧神骏，西翥灵仪，北走蜿蜒，南翔缟素；高人韵士，何妨选胜登临。趁蟹屿螺洲，梳裹就风鬟雾鬓；更苹天苇地，点缀些翠羽丹霞。莫孤负，四围香稻，万顷晴沙，九夏芙蓉，三春杨柳

数千年往事，注到心头。把酒凌虚，叹滚滚英雄谁在？想汉习楼船，唐标铁柱，宋挥玉斧，元跨革囊；伟烈丰功，费尽移山心力。尽珠帘画栋，卷不及暮雨朝云；便断碣残碑，都付与苍烟落照。只赢得，几杵疏钟，半江渔火，两行秋雁，一枕清霜

图2-68　昆明大观楼

第3章
中国园林建筑的艺术形式

　　中国古代造园非常注重对园林中建筑物的经营，因为园林不仅要表现自然的美，还要表现人在自然中的生活和寄托。建筑就是自然环境中人类的社会形象、生活理想和力量的物化象征（图3-1）。

　　由于历史文化背景的不同，东西方国家对园林建筑一词的理解是不同的。在以中国为代表的东方自然山水园里，只要能起到造景、游赏效果的建（构）筑物，统称为"园林建筑"。而西方的园林建筑，一般是指不含府邸等主体建筑的小型景观建筑，包括喷泉、花台、雕塑、装饰、园灯、座椅等小品。

图3-1　苏州拙政园绣绮亭

中国古典园林，不论是皇家宫苑、私家宅园、寺庙庭园或风景名胜，出于对向往自然、乐于林泉生活的需要，一般都设有各种相应实用功能的建筑物。建筑作为园林的营造要素之一，已有悠久的发展历史。如在皇家的离宫别苑里，因为需要有上朝理事的功能而有朝廷宫殿类的建筑，也有大内寝宫似的居住建筑，还有各种园林赏景活动所需的游憩建筑。私家园林一般占地较小，多建在住宅的一侧，俗称"后花园"。园主在里面生活起居和休闲玩赏，进行诸如读书、抚琴、吟诗、作画、小酌、对弈、啜茗、清谈、宴客、卧游之类的园居活动，也需要安排功能恰当的建筑与园景内容相衬，使自然化的园林空间达到可行、可望、可游、可居的诗画境界（图3-2）。园林中的游憩建筑，通常成为游园观赏视线的焦点和园居活动的停点。在中小尺度的园林中，更是常以主要园林建筑作为园景形象的构图中心。

中国古代园林建筑的产生最早可以追溯到商周时代皇家苑囿中的台榭。在魏晋以后的

图3-2　[元]　王蒙《溪山高逸》中的游憩建筑

自然山水园中，自然景观成为主要观赏对象，因此人们希望园林里的建筑能和自然环境相协调并体现出诗情画意，使人在建筑中更好地体会自然之美。同时，自然环境有了园林建筑的装点，往往会更加富有情趣。

在中国的自然式园林里，建筑具有十分重要的作用，主要用于满足园主享受休闲生活和观赏风景的愿望。园林建筑既要可行、可居、可观、可游，又起着点景和隔景的作用，使人在园林中移步换景、小中见大。同时，它还能使整个园林的格调显得更为自然、淡泊、恬静、含蓄。这也是中国古典园林建筑与西方园林建筑大不相同之处。

中国最早的造园专著《园冶》（[明]计成）对园林建筑与其他造园要素之间的关系作了精辟的论述。《园冶》共十章，其中专讲园林建筑设计施工的篇幅，就有"立基""屋宇""装折""门窗""墙垣""铺地"六章，内容详尽而精彩。

中国园林建筑的基本特点，就是同自然景观高度融洽和谐。中国传统造园讲究将诗情画意放在咫尺园林之中（图3-3），令园林既可满足居住、休息、游览的需要，又可组成富有变化的园林景观。因此，园林建筑的单体造型就多种多样，常见的有亭、廊、台、榭、厅、堂、轩、馆、楼、阁、斋、室、桥、舫、塔、墙以及各式小品雕饰等。

图3-3 苏州网师园
冷泉亭

3.1 亭廊台榭

亭、廊、台、榭是中国园林中最常见的景观建筑。明代古籍《园冶》中就有"宜亭斯亭，宜榭斯榭""花间隐榭，水际安亭，斯园林而得致者"等论述，可见营造历史之悠久，应用之广泛。

3.1.1 亭

"亭"是游人逗留赏景的场所，体积小巧，造型别致，可用于园林中的任何地方（图3-4）。亭的主要功能是点缀园景、供人驻足赏景和乘凉避雨。

亭子的结构简单，一般柱间通透，有些柱身下设半墙。亭子以其玲珑剔透、轻盈多姿的建筑形象与园林中山水花木相结合，构成一幅幅美丽生动的画面。明代造园专著《园冶》曰："亭者，停也。所以停憩游行也"。亭子因其功能多样，在中国园林里实际运用得非常广泛，几乎是每个园林中都不可缺少的一种景观建筑。

中国园林里亭的造型丰富多彩。按平面形式分，有多边形亭（如三角攒尖亭、四角方亭、五角亭、六角亭、八角亭）、圆亭、异形亭（如扇形、十字形）、组合亭等。按立面造型分，有单檐、重檐及三重檐之分。单檐亭的造型比较轻巧，是最常见的一种形式。多檐亭则给人以端庄稳重之感，在北方皇家园林中较为多见。按建筑材料分，中国古典园林中的亭子多用木构瓦顶，也有木构草顶或石材、竹材的。按建亭的位置分，又有山亭、水亭、桥亭、半亭、廊亭等，多数与其周围的环境有机结合，形成浑然一体的景观效果。此外，亭的制作工艺也有南北风格之分。北方的亭子一般屋角起翘较低而缓，用料粗壮，色彩较艳丽（图3-5）；南方的亭通常屋角起翘较高且陡，用料比较纤细，色彩大多为青灰。

中国古典园林中的亭，集中运用了中国古代建筑最富于民族特征的屋顶形式的精华，从方到圆，自三角、六角到八角，扇面、套方、梅花、十字脊、单檐、重檐、攒尖、歇山、卷棚、盝顶等，造型挺拔，如翚斯飞，形象丰富而多姿，气势生动而空灵。亭充分表现了中国古典园林建筑飞动

图3-4 苏州沧浪亭

图3-5 北京颐和园廊如亭——中国古典园林里体量最大的亭子

之美的气韵，寓动势于静态之中，体现了在有限园林建筑空间中审美意趣的无限性。

3.1.2 廊

"廊"是中国古典园林中常用的一种"虚空间"或"灰空间"建筑形式，一般由两排列柱顶着一个不太厚实的屋顶构成。廊既是联系各类园林景观建筑的脉络，也是欣赏风景的导游线。廊的一边或两边通透，利用列柱、横楣构成了一个个取景框架，形成景观通道，起到让游人步移景换、剪裁景观的作用。

廊是园林建筑与自然绿地之间的过渡空间，具有可长可短、可直可曲、随形而弯、依势而转的特点，造型别致，高低错落。游人在其间可行可歇、可观可戏。廊多布置于两个建筑或观赏景点之间，可以使空间层次丰富多变，成为园林里空间联系与划分的一种重要手段。

廊的基本类型，从平面上来看，一般可分为直廊、曲廊和回廊。从横剖面上来看，大致可分为双面空廊、单面空廊、复廊和双层廊。从与地形环境结合的角度来看，又可分为平地廊、爬山廊、水廊、桥廊等。廊的外形虽多，但基本结构都一样。常见的有：

（1）**双面空廊** 是指廊的两边均为列柱透空，是中国园林中最常使用的一种形式。如北京的颐和园的彩画长廊，全长728米，南观昆明湖，北看万寿山，是中国古典园林中最为绚丽的长廊（图3-6）。

（2）**单面空廊** 是指廊的一边为列柱挂落，面向主要景色，另一边砌墙或附属于其他建筑物，形成半通透、半封闭的空间效果。廊下檐墙的做法依需要而定，可做成实心墙，也可在墙上设置漏窗或什锦窗、隔扇、空花格等，如苏州留园"古木交柯"连廊和艺圃"响月廊"（图3-7）。

（3）**复廊** 又称"里外廊"，是在双面空廊屋顶中间设置一道隔墙，将廊子分成里外两边，在隔墙上可设置漏窗或什锦窗。复廊适用于园林中需要将不同景物分开游览的景区，如苏州沧浪亭东北面的复廊，将园外之水与园内之山互相资借，得景随机，处理甚妙。

（4）**双层廊** 又称"楼廊"，是做成上、下两层的游廊，多用于连接具有不同标高的园林建筑或景点，为人提供在不同高度观赏园景的条件。如北京北海琼华岛北端的"延楼"，就是呈半圆形弧状布置的双层廊。延楼东起"倚晴楼"，西至"分凉阁"，长度共60个开间，把琼华岛北麓的各组建筑群全都兜抱起来联成一个整体，景色奇丽。

（5）**爬山廊** 游廊顺地势起伏蜿蜒曲折，犹如伏地游龙而成。常见的有跌落式爬山廊和竖曲线爬

图3-6 北京颐和园金碧辉煌的彩画长廊

图3-7　苏州艺圃响月廊

图3-8　北京恭王府花园爬山廊

图3-9　苏州拙政园波形廊

山廊。当廊子顺着参差跌落的地形而建时，称为"叠落爬山廊"；当廊子顺斜坡地形绵延起伏而建时，称为"竖曲线爬山廊"。北京恭王府、颐和园"画中游"、北海"濠濮间"的爬山廊和无锡寄畅园的叠落廊，就是比较典型的实例（图3-8）。

（6）**水廊**　建筑紧贴水岸边或完全凌驾于水面之上，供人欣赏水景和联系水上建筑之用，形成以水景为主的观赏空间。位于岸边的水廊，廊基一般紧接水面，廊的平面也大体贴近岸边。

水廊在岸线曲折自然的情况下大多沿着水边呈自由式展开，廊基一般也不砌成整齐的驳岸，顺自然地势与园林环境融为一体。架在水面上的水廊，多以露出水面的石台或石墩为基础，廊基一般不高，使廊子的底板尽可能地贴近水面，并使水经过廊下而互相贯通。游人漫步水廊左右环顾，仿佛置身水面之上，别有一番情趣。中国古典园林里典型水廊实例，如苏州拙政园里著名

图3-10　苏州拙政园小飞虹桥廊

的"波形廊"（图3-9）和北京颐和园谐趣园中的折廊。

（7）**桥廊**　亦可称"廊桥"，是相当独特的一种园林建筑，兼有桥梁与景廊的双重功能。桥廊的选址和造型一般都比较讲究，力求能形成美丽的建筑立面与水中倒影景观，起到划分园景空间层次、组织观赏游线的作用。中国古典园林中著名的桥廊，如苏州拙政园松风亭北面的"小飞虹"桥廊（图3-10）。

3.1.3　台

"台"是一种露天的、表面较为平整、开放性的建筑物。中国园林里的高台建筑起源于商周，盛行于春秋战国时期，是中国最古老的园林建筑形式之一。

中国早期的台是一种夯土建筑，帝王宫殿多建于台之上，使得建筑外观更加高耸、壮丽。《说文解字》曰："台，观四方而高者也"，可见登台远眺赏心悦目，是先民们筑台所追求的主要功能。中国古代的宫廷和园囿中筑高台的风气很盛，帝王和百姓都喜欢在高台上进行祭祀、崇拜、观赏、娱乐等活动。

中国造园史上比较著名的台有：灵台、姑苏台、铜雀台、神明台、通天台、望鹤台、观象台等。后来，随着时代的发展，高台逐渐走向世俗民间，在园林中演变成为建于厅堂前的露台、月台，建于山顶高处的天台、山坡地带的叠落台、悬崖峭壁处的挑台，建于水面上的飘台以及以楼阁、假山等形式出现的各式观景平台。

图3-11　北京北海仙人承露台

台在中国古典园林中的著名实例，有北京北海琼华岛"仙人承露台"（图3-11）、天坛"圜丘"（图3-12）、承德避暑山庄"梨花伴月"、苏州留园"冠云台"、扬州瘦西湖"熙春台"、东莞可园"拜月台"

图3-12　北京天坛圜丘

图3-13 东莞可园拜月台

（图3-13）和安徽马鞍山采石矶"捉月台"等。

3.1.4 榭

"榭"是由古代水边的台演化而成的，多为临水建筑，亦有"水阁"之称。榭的功能以供人观赏水景为主，兼作休息场所。在建筑形式上，榭一般都凸出水岸或驾临水上，结构轻巧，空间开敞（图3-14、图3-15）。

中国古典园林里的水榭一般做法是：在水边架起一个平台，一半伸入水中，另一半倚靠岸壁或横架其上，平台四周以低平的栏杆围合；然后在平台上建起一个木构单体建筑。建筑的平面形式通常为长方形，临水一侧的建筑立面开敞，有时建筑四周均为落地门窗，显得格外空透、畅达。屋顶常用卷棚歇山式样，檐角低平轻巧；檐下有玲珑的挂落、柱间微曲的鹅颈靠椅和各式门窗栏杆等，多为精美的木作工艺。整体建筑既朴实自然，又简洁大方。

图3-14　苏州拙政园芙蓉榭

图3-15　南京瞻园观鱼榭

图3-16　上海豫园静观厅

3.2 厅堂轩馆

3.2.1 厅

"厅"是供园主会客、议事、宴请、观赏花木或欣赏戏曲的主体建筑，是宅邸的公共活动空间之一。

中国古典园林里的"厅"一般要有较大空间以便容纳众多的宾客，还要求门窗装饰考究，室内陈设齐全，建筑总体造型典雅端庄。园林中的厅通常是前后开窗设门，也有四面开设门窗赏景的"四面厅"。厅按照不同的功能与结构形式，又可分为茶厅、大厅、鸳鸯厅、花厅、船厅等类型（图3-16、图3-17）。

图3-17　苏州拙政园卅六鸳鸯馆花厅

3.2.2 堂

在中国传统建筑里，"堂"是住宅建筑"正房"的雅称，一般是家长的居室，也可作为家庭举行庆典或会议的场所。

"堂"多位于宅第建筑群的中轴线上，体型比较严整，装修华丽，室内常用隔扇、落地罩、博古架进行空间分割（图3-18）。《园冶》云："古者之堂，自半已前，虚之为堂。堂者，当也。谓当正向阳之屋，以取堂堂高显之义"。由此可见，堂在中国园林营造中的地位十分重要。

厅和堂是中国古典园林里的主体建筑，常设在入大门后不远的主景轴线上，要求造型简洁精美，景观风水良好。厅和堂的构造与装饰的形式多样，其名称也有以建筑主材用料的不同来区分。所谓"扁厅圆堂"，就是说用扁方木料的为厅，用圆木料的为堂。厅堂的前面常布置天井或小庭院，点缀山池花木对景欣赏。明清以后，园林中的厅和堂少有区别，常以"厅堂"合称之，例如苏州拙政园的远香堂（图3-19）和广州番禺余荫山房的深柳堂。

图3-18　上海豫园玉华堂

图3-19　苏州拙政园远香堂

图3-20　苏州同里退思园退思草堂

　　中国古代造园对厅堂的经营位置相当重视，甚至要营造出一定的情境以体现园主的地位、身份、志趣及文化品位（图3-20、图3-21）。故有所谓"奠一园之体势者，莫如堂"之说。在皇家园林中，厅、堂又进一步演化

图3-21　退思园退思草堂内景

称为"殿""堂"以适应帝王的礼制与排场，如颐和园中的仁寿殿、排云殿，避暑山庄中的澹泊敬诚殿等。

3.2.3　轩

中国古典园林中的"轩"多置于高敞或临水的地方，是用作观景的小型单体建筑。其建筑造型特点，恰如《园冶》所云："轩式类车，取轩轩欲举之意，宜置高敞，以助胜则称"；如北京北海"静憩轩"、苏州留园"闻木樨香轩"、苏州网师园"看松读画轩"、上海豫园"两宜轩"等（图3-22~图3-24）。轩的另一种意思，是指建筑构造中厅堂前部的顶棚，仿佛古代的"车轩"；其形式多样，造型优美，有船篷轩、海棠轩、弓形轩、鹤颈轩等。较著名者如杭州西湖郭庄之"乘风邀月轩"，扬州瘦西湖之"饮虹轩"，颐和园后山"嘉荫轩"等。

图3-22　北京北海"静憩轩"

图3-23 上海豫园"两宜轩"

图3-24 苏州网师园"看松读画轩"内景

3.2.4　馆

在中国古代，"馆"原为官人的游宴之处或客舍。

《说文解字》载："馆，客舍也"。《园冶》亦云："散寄之居，曰馆，可以通别居者"。

不过，中国古典园林中的"馆"，并不都是旅馆客舍性质的建筑，也作为一种休憩会客的场所，常与园内居住部分和主要厅堂有一定的联系。如北京颐和园听鹂馆、顺德清晖园笔生花馆、苏州拙政园玲珑馆、苏州留园林泉耆硕之馆等（图3-25~图3-28）。

中国古典园林里常见的轩、馆也属于厅堂类建筑，但尺度相对较小，布局位置较为次要。

在皇家园林中，轩、馆多作为一组游憩

图3-25　北京颐和园听鹂馆

图3-26　顺德清晖园笔生花馆

图3-27　苏州留园林泉耆硕之馆

图3-28 苏州拙政园玲珑馆内景

图3-29 苏州留园曲溪楼

建筑群或独立园林景区的总称，如北京颐和园的"宜芸馆"，承德避暑山庄的"山近轩""有真意轩"等。

3.3 楼阁斋室

3.3.1 楼

"楼"是两层以上的屋宇，故《说文解字》中释义："重屋也"。《尔雅》云："狭而修曲曰楼"，说明"楼"一般是长条形的，平面上可以有曲折的变化。

明清时期，园林中楼的位置大多位于厅堂之后，一般用作卧室、书房或观赏风景之处。由于楼比较高，既有供人登高远眺赏景的功能，也有吸引人驻足观赏的体型和轮廓，常成为园中一景，尤其在临水背山的情况下更是如此。所以，"楼"在园林中多为主景或视觉构图中心（图3-29~图3-31）。

图3-30　承德避暑山庄烟雨楼

图3-31　南京煦园夕佳楼

3.3.2 阁

中国古代的"阁"是由干阑式建筑演变而来，外形与楼近似，但较小巧。阁是平面为方形或多边形，立面多为两层的建筑，常四面开窗。《园冶》曰："阁者，四阿开四牖"。阁一般用来藏书、观景，也可用来供奉大型佛像。

楼、阁是中国古典园林里的高层建筑物，体量较大，造型丰富，内部装修又时常做成小轩卷棚。楼多用于居住，阁多用来贮藏东西，如寺庙园林中的"藏经阁"。楼多建于园林的一侧，结构较为精巧，有窗，其顶多为硬山、歇山式。阁多为重檐双滴，其平面多为方形，列柱8~12条，其屋顶的构造多为歇山式、攒尖顶，与亭相仿。

在中国古典园林中楼与阁形制上不易明确区分，以致常将"楼阁"二字连用。历史上著名林楼阁很多，如：山东蓬莱阁、北京颐和园佛香阁、承德避暑山庄文津阁、武昌黄鹤楼、湖南岳阳楼、南昌滕王阁等（图3-32~图3-35）。

图3-32 北京颐和园佛香阁

图3-33　临绝壁而建的山东蓬莱阁

图3-34　承德避暑山庄文津阁　　　　图3-35　东莞可园邀山阁

3.3.3　斋

　　"斋"有斋戒之意，多指出家人（和尚、道士、居士）修身养性练功所用的斋室。

　　"斋"用于世俗建筑，则燕居之室曰斋，学舍书屋也称斋，体量较小，多取环境幽美处而设。《园冶》曰："斋较堂，惟气藏而致敛，有使人肃然斋敬之义。盖藏修密处之地，故式不宜敞显。"中国古典园林里较著名的斋，有苏州网师园"集虚斋"、北京北海"镜清斋""画舫斋"和香山"见心斋"等（图3-36~图3-39）。

图3-36 北京香山见心斋外景

图3-37 北京香山见心斋内院

图3-38　北京故宫乾隆花园倦勤斋

图3-39　苏州耦园织帘老屋书斋

3.3.4　室

室多为中国古典园林中的辅助性用房，面积一般不大，多配置于厅堂的边沿。因其功能用途与"斋"相近，故民间也常以"斋室"统称之。例如，苏州网师园的"琴室"为一开间的小屋，是园主弹琴习乐之所（图3-40）。

镇江焦山别峰庵西跨院内"郑板桥读书处"，片山斗室，三间小筑，却有不凡的气韵，即所谓"室雅何须大，花香不在多"。再如，苏州怡园的石听琴室，环境幽娴舒适（图3-41）。

北京北海琼华岛北坡依山而筑的"亩鉴室"，台座基础全用白色景石包砌，象征天上祥云缭绕在阶前，寓意仙居（图3-42）。

图3-40　苏州网师园琴室

图3-41　苏州怡园石听琴室内景

图3-42　北京北海琼华岛亩鉴室

3.4 桥舫塔墙

3.4.1 桥

中国古典园林里的"桥"，兼有交通和观赏组景的双重功能。许多造型优美、位置恰当的园桥，构成了著名的风景点。如杭州西湖白堤上的"断桥残雪"和"苏堤六桥"，扬州瘦西湖"五亭桥"，北京颐和园"十七孔桥"和"玉带桥"等。

中国的园桥造型变化非常丰富，有平桥、曲桥、拱桥、亭桥、廊桥等。若按材质来划分，园桥又有石桥、木桥、竹桥和藤桥等形式。在实际造园工程中，小园以平桥为主，常贴近水面布置，以取凌波行走之势；中园常以曲折之桥跨越水面，增加水面的空间层次（图3-43~图3-45）；大园则多将园桥处理成独立的景观建筑，成为园景中的画龙点睛之笔（图3-46、图3-47）。

图3-43　苏州拙政园平折桥

图3-44 扬州何园曲桥

图3-45 南京瞻园青石板桥

图3-46 北京颐和园谐趣园知鱼桥

图3-47　北京颐和园西堤豳风桥

3.4.2　舫

"舫"的原型源于楼船画舫，也称"不系舟"，是在园林湖泊中建造的一种船形建筑物，供人在内游玩饮宴、观赏风景。

舫多建于水边，三面或四面临水，身临其中有乘船荡漾于水上的感觉。舫的基本形式与真的楼船相似，一般分为前、中、后三部分，前舱较高，有亭榭特征；中舱略低，是休息、娱乐、宴饮的场所；尾舱最高，形似楼阁，供人登高远眺观景。舫的前半部多伸入水中，船首一侧常设有平桥与岸相连，仿佛船与水岸之间的登船跳板。舫的构造通常是下部船体用石，上部船舱多用木构，四面开窗。船头有敞篷眺台，供赏景谈话之用。中舱下沉，两侧设长窗，以便获得宽广的视野。尾舱设楼梯分作两层，下实上虚。舫的屋顶多做成船篷式样或两坡顶，首尾舱顶多为歇山式样，轻盈舒展。

舫的建造要求比例造型适宜，装修精美，在水面上能形成生动的形象，构成园内的重要景点。中国古典园林中较著名的舫，有北京颐和园

图3-48 北京颐和园"清晏舫"

图3-49 南京煦园"不系舟"

"清晏舫"(图3-48)、南京煦园"不系舟"(图3-49)、苏州拙政园"香洲"、狮子林"石舫"和扬州瘦西湖"沉香榭"等。

3.4.3 塔

塔起源于印度，用于供奉佛祖"舍利"，是早期佛寺的主要纪念性建筑。塔常建于寺院的中心部位，僧侣们围绕着它拜佛念经。后来，随着供奉佛像的佛殿建筑兴起，塔的重要性逐渐让位。在中国，塔多建于寺庙园林中。大型皇家园林因宗教崇拜需要，也常建有佛塔（图3-50）。

中国古典园林里塔的建筑形制奇特，类型繁多。按平面形状分，

图3-50   北京颐和园琉璃多宝塔

早期多为正方形，后来发展成六角形、八角形、十二边形、圆形、十字形等。按建筑材质分，有木塔、砖塔、砖木混合塔、石塔、铜塔、铁塔、琉璃塔等。按建筑造型分，有单层式塔、楼阁式塔、密檐式塔、喇嘛塔、金刚宝座塔等。

塔在中国古典园林里具有"凌空耸秀"的风姿，兼有点景和观景的双重功能。在尺度较大的风景名胜地，塔一般建造在曲水转折处或山之峰巅以控制山水形势，暗含镇守一方保平安之吉祥寓意。因此，塔在园林中多成为局部景观的构图中心和借景对象。

中国古典园林里著名的塔，如北京北海琼华岛白塔、云南大理三塔、承德避暑山庄普陀宗乘之庙琉璃塔、泉州开元寺塔、苏州"北寺塔"、虎丘"云岩寺塔"、杭州西湖"保俶塔"，扬州瘦西湖白塔、北京香山琉璃塔、碧云寺金刚宝座塔，西安大雁塔等（图3-51~图3-54）。

图3-51 北京北海琼华岛白塔

图3-52　云南大理三塔

图3-53　承德避暑山庄普陀宗　图3-54　泉州开元寺仁寿塔
乘之庙琉璃塔

3.4.4　墙

　　墙是用于围合或分隔建筑空间的主要工程构筑物。在中国古典园林里墙的运用方式有很多，且富有特色。景墙有外墙、内墙之分，多用于围合与分隔园景空间，衬托或遮蔽不良景物，达到《园冶》中所说的"俗则屏之，嘉则收之"的景观构图效果。特别是地处市井密集地段的江南园林，多以高墙为界而与闹市空间相隔离。这些形态各异、线条流畅、轮廓优美、气韵生动的景墙，构成中国园林中一道亮丽的风景。

　　景墙的造型丰富多彩，常见的有粉墙和云墙。粉墙外饰白灰以砖瓦压顶。云墙呈波浪形，以瓦压顶，造型富于变化，如龙形墙、波形墙等。景墙上常设漏窗，窗景多姿，墙头、墙壁上一般也有艺术装饰图案（图3-55）。

　　景墙在园林里多结合地形设置，平地上建平墙，坡地或山地上常就地势修成梯级形或波浪形高低起伏的墙。粉墙还经常作为园中山石、花木的衬托背景，在墙面上形成斑斓多变的光影效果，仿佛水墨渲染的山水画。

　　为了有效地组织园景空间，实现"园中有园、景中有景"的构图变化，中国古典园林里的各类景墙，通常都要在墙身上恰到好处地开一些不设门窗的空心墙洞，形成形态多姿的空窗和洞门，构成一幅幅美丽动人的框景画面，起到丰富景深层次、扩大景象空间、增添游赏情趣、引人入胜的效果。

　　中国古典园林里应用景墙的实例很多，如上海豫园的龙墙和跨水花墙、苏州网师园花台景墙和"云窟"景墙、扬州何园楼廊粉墙、个园花窗景墙、苏州沧浪亭"瑶华境界"廊墙和留园景墙等（图3-56~图3-61）。

图3-55　北京颐和园临湖灯窗墙

图3-56 上海豫园跨水花墙

图3-57 扬州何园景门景窗

图3-58 扬州何园璧山景墙

图3-59 苏州留园"华步小筑"游廊景墙

图3-60 扬州个园"春园"景墙

图3-61 苏州网师园花台景墙

第4章
中国皇家园林之精品赏析

    作为一种文化载体，中国园林艺术客观、真实地反映了古代王朝和近现代社会的历史文化背景、政治经济兴衰、建筑工程技术和园艺科学水平，且特色鲜明地折射出中国人的自然观、人生观和世界观的演变，蕴含了儒、释、道等哲学、宗教思想，受到中国山水诗、山水画等传统艺术的影响，凝聚了华夏知识分子与能工巧匠的勤劳和智慧，表现出丰富多彩的社会生活场景。

    中国园林艺术的最高境界是"虽由人作，宛自天开"，它是中国传统文化中"天人合一"的思想在园林营造活动中的具体表现。中国园林艺术的各种形式都旨在抒发中华民族对于自然和美好生活环境的向往与热爱，构成一种诗意化的游憩生活空间，成为博大精深的中华文化宝库中的重要内容。

    源远流长的中国园林艺术作品按服务对象分类，大致包括四大基本形式：皇家园林、私家园林、寺庙园林和风景名胜；按地域风格分类，有北京园林、江南园林、岭南园林、川西园林、闽台园林等；按发展时期分类，又有古代园林、近代园林和现代园林等，展现出与时俱进的艺术面貌。

    与世界各国的园林一样，自古以来中国园林也是集土地利用、生态保护、空间艺术、文化传承、社会服务于一体的复杂综合体，很难用单一指标进行全面的定性分类。我们应以科学的多维视角、综合思维来考察现存的园林实体，方能得出客观合理的认知。因此，本书主要从把园林视为艺术作品的角度出发，对迄今为止学界和业界定性和评价较为一致的中国园林艺术传世精品作分类介绍，让读者能概要地了解中国园林艺术的悠久历史、艺术价值和丰富多彩的表现形态。

4.1 皇家园林概观

图4-1 飞龙在天：中国皇家园林体现"君权神授"理念的建筑装饰符号

中国古代皇家园林，又称"苑囿"或"宫苑"，一般是指由帝王主导营造，供帝王家族居住、游乐之用的园林。由于封建帝王可以运用至高无上的权利，集中天下财富和人力物力为自己造园，所以皇家园林的营造历史之悠久、规模之宏大、工艺之精湛，在中国古典园林中堪称首位。现存的著名实例，有北京圆明园、颐和园和承德避暑山庄等。

中国古代皇家园林营造活动绵延了2000多年，大致具有以下特色：

1）规模宏大，气势雄伟，移天缩地在君怀。皇家园林在山水布局、空间组织、建筑经营和植物配置等诸多方面，都充分体现了皇权至上的意识（图4-1），反映天子"富甲天下，囊括海内"的气派。

2）模拟仙境，景象万千，自比神仙逍遥游。皇家园林的园址都经过精心挑选，经营资财雄厚。它既可包罗自然的真山真水，亦有开凿堆砌得宛若天然的山峦湖泊等地形，并包含各类园居生活必需的景观建筑与工程构筑物。

3）建筑堂皇，功能齐全，园居朝政两相宜。皇家园林的总体布局大都气势恢宏，建筑装饰堂皇富丽，功能庞杂，上朝听政、坐卧起居、看戏娱乐、吃斋念佛、樵耕渔猎等活动内容无所不包，想有尽有。

4）珠光宝气，精雕细刻，文化珍品尽收藏。中国皇家园林多处北方，其建筑形制、装饰色彩、种植方式等受北方地区的自然条件影响较大，但

图4-2　北京颐和园澹碧斋（谐趣园）

在造园艺术方面却努力效仿江南名园，收藏天下珍品，展现了对中国南北方园林的秀色兼收并蓄的特殊风格（图4-2）。

中国秦汉时期的阿房宫、上林苑，唐宋时期的西安兴庆宫、汴京寿山艮岳，明清时期的北京圆明园、颐和园、北京三海、承德避暑山庄等，都集中体现了上述特点。其中，北京颐和园、天坛和明清皇家陵寝等已被联合国教科文组织列入了世界文化遗产名录。

4.2　北京圆明园

圆明园是我国历史上最著名的皇家园林，位于北京西北郊，与两个附园（长春园和绮春园）合称为圆明三园，总面积约347公顷（图4-3）。

圆明园始建于1707年，初为康熙皇帝给雍正太子的赐园。雍正在即位次年（1724）就对其加以修葺，在园南端建置了正大光明殿、勤政亲贤殿等作为听政朝贺之所，又浚池引水，培植花木，建筑亭榭，以供游乐。1726年，圆明园初具规模，雍正皇帝作《圆明园记》。乾隆在登基次年（1737）命画院的郎世宁、唐岱、孙祐、沈源、张万邦、丁观鹏绘圆明园全图张挂在清晖阁，并大兴土木新修扩建，直到乾隆九年（1744）才告一段落。乾隆皇帝亲笔题写圆明园40景名和"御制圆明园图咏"（图4-4）。

宏伟壮丽的圆明园全部由人工营造。造园匠师们巧妙运用中国古典园林中掇山和理水的各种手法，创造出一个富有仙境意味的山水园林。园内有楼台殿阁、亭榭轩馆150余处，配以奇石假山、小桥流水、珍美花木，形成100多景。其规模之宏大、丘壑之幽深、风土草木之清佳，高楼邃室之具备，亦可称叹而观止，冠绝古今。清代皇帝恨不得在此地集天下名胜于一园，正所谓是"移天缩地在君怀"。

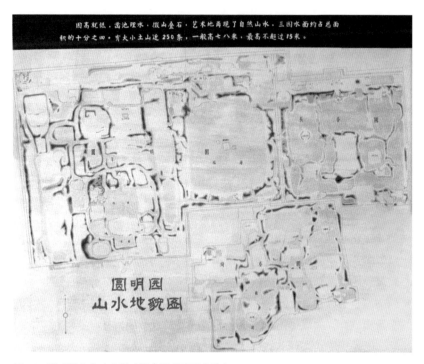

图4-3 圆明园山水地貌图（摄自圆明园园史展）

图4-4　清代御制《圆明园40景图》

　　圆明三园景观大多因水成趣。大水面如福海，宽600多米；中水面如后湖，宽200米左右；还有众多的小水面宽40~50米，形成适宜近观细赏的水景空间，再用回环萦绕的河道把园中水体串联成完整的河湖水系，构成全园景观的脉络和纽带，可供荡舟和交通。园中叠石而成的假山、聚土而筑的岗阜，以及岛、屿、洲、堤等适地分布，约占全园面积的1/3。它们与水系相结合，构成了山重水复、层叠多变的百余处园林山水空间。这些园景，既是雄浑壮阔的北方自然景色的缩影，又是烟水迷离的江南风物的再现。

乾隆皇帝曾六次到江南游览名园胜景，凡是他所中意的景致，他都命画师摹绘下来作为建园造景参考。因此，圆明园在继承北方传统园林风格的基础上，大量吸取了江南园林精华，成为具有极高艺术水平的大型自然山水园。全园景观依水系构图，大致分为五大景区：

1）宫廷区，包括大宫门、分列朝房、各衙门值房以及朝贺听政的正大光明殿、勤政亲贤殿、保合太和殿等。

2）后湖区，包括环绕后湖的九个小岛景点（九洲清晏、镂月开云、天然图画、碧桐书院、慈云普护、上下天光、杏花春馆、坦坦荡荡、茹古涵今）；后湖东面的曲院风荷、苏堤春晓、九孔桥、前垂天贶、洞天深处和如意馆；后湖西面的万方安和、山高水长、十三所、长春仙馆及西南隅的藻园。

3）北园区，其东部包括：西峰秀色、舍卫城、坐石临流和同乐园；中部包括：濂溪乐处、汇万总春之庙、武陵春色、柳浪闻莺、文源阁、水木明瑟、映水兰香和澹泊宁静；西部包括：汇芳书院、鸿慈永祜、日天琳宇、瑞应宫、月地云居和法源楼。

4）福海区，以"蓬岛瑶台"为中心（图4-5），环湖南岸有：湖山有望、一碧万顷、夹镜鸣琴、广育宫、南屏晚钟、西山入画、山容水态和别有洞天；环湖东岸有：观鱼跃、接秀山房、涵虚朗鉴、雷峰夕照、方壶胜境、蕊珠宫及三潭印月；环湖北岸有：藏密楼、君子轩、水山乐、双峰插云、平湖秋月和安澜园；环湖西岸有：廓然大公、深柳读书堂、延真院、望瀛洲和澡身浴德。

5）宫北区，是内宫北墙外的长条地带，从东往西有：天宇空明、清旷楼、关帝庙、若帆之阁、北远山村、鱼跃鸢飞、多稼如云、顺木天和紫碧山房。

福海以东的长春园中著名景点有：茹园、倩园、狮子林、西洋楼等。其中，西洋楼是由外籍传教士蒋友仁、郎世宁、王致诚、艾启蒙等设计、监造的一组欧式建筑花园（图4-6）。六幢主要建筑均为巴洛克风格，但在细部装饰方面也运用了一些中国传统建筑的手法。三组大型喷泉、若干小

图4-5　圆明园福海景区，湖中建筑为蓬岛瑶台

图4-6　圆明园西洋楼万花阵花园

喷泉和绿地，则采取法国式庭园布局。西洋楼是在中国宫廷里首次成片建造外国建筑和庭园的实例。位于长春园以南的绮春园（清同治后称"万春园"）风格有所不同。园中水面和岗阜曲折有致，因势穿插点景的亭榭轩斋比较疏朗，清新秀丽，常作为皇室后宫住处。

圆明园是一座规模宏大的离宫御苑，兼有苑囿和宫廷的双重功能，其成就代表着我国封建社会后期造园发展史上的最后一个高峰。

圆明园的造园艺术成就大致可概括为五个方面：

1）在平地造园中运用"小中见大""咫尺丘壑"的叠山理水手法，巧理水系，创作出山重水转，层层叠叠的自然山水空间。既表现人为写意，也保持野趣风韵，宛如天然美景的缩影。

2）出于帝王处理朝政和园居生活的需要，园内建筑数量多、类型复杂；建筑布局采取"大分散、小集中"的方式散置于全园。各类园林建筑的个体形象精巧玲珑、千姿百态，突破了许多官式规范的束缚，广征博采北方和江南的民居造型，创造了许多罕见的建筑平面形式，如眉月形、万字形、工字形、书卷形等。全园游赏建筑外观朴素雅致，少施彩绘，建筑与自然关系协调。

3）全园布局采取集锦方式，"园中园"数量众多，约占总面积的一半。如乾隆皇帝题名的40景中，有19景为园中园。这些景区大都是利用叠山理水手法，嵌合园林建筑的院落空间，体现多样变化的造型艺术和形式美感。

4）大量模仿江南风景名胜和私家名园，融汇南北园林艺术风格于一体，仿中有创，求神似而不拘泥于形似。如安澜园（四宜书屋）、小有天园、狮子林和如园，即分别模仿当时江南的四大名园：海宁安澜园、杭州小有天园、苏州狮子林和南京瞻园。还有直接取材于杭州西湖建设的"平湖秋月""柳浪闻莺""三潭印月"等景区，以北国雄健之笔书写江南柔媚之情。

5）运用象征手法，表现"普天之下莫非王土"的皇家气派和观念。就圆明园整体来看，九洲居中，象征中国大地；东有福海，海中三岛象征东

图4-7　圆明三园布局全景鸟瞰示意图（摄自圆明园园史展）

海三仙山；西北角上全园最高的一处土岗"紫碧山房"，象征昆仑山。如此总体布局，体现了当时帝王所理解的世界概念（图4-7）。

圆明园中还建有取材于佛经的"洛迦胜境""舍卫城"；有象征道家仙山琼阁的"方壶胜境""蓬岛瑶台"；有标榜儒家孝行的"鸿慈永祜"；有寓意四海升平的"九洲清晏""海晏堂"和"万方安和"；有歌颂皇帝德行的"涵虚朗鉴""茹古涵今"；有显示帝王重农耕的"多稼如云""北远山村"；有赞扬儒家哲人君子隐逸出世的"濂溪乐处""廓然大公""澹泊宁静"；有收藏四库全书的"文源阁"；有模仿民间市肆的"买卖街"；还有欧式建筑的"西洋楼"……既充分表现了封建帝王"万物皆备于我"的意识，也是中国传统精神支柱的儒、释、道思想在造园艺术上的集中反映。

圆明园是中国园林艺术史上的光辉杰作。正如乾隆皇帝所说："天宝地灵之区，帝王游豫之地，无以逾此"。它不仅当时是中国最出色的大型园林，还被介绍到欧洲而闻名一时，被誉为"万园之园"（Garden of gardens），对18世纪英国自然风景园的发展进程产生了一定影响。然而，这座空间绝后的名园在1860年英法联军入侵北京时惨遭掠劫后被焚毁。新中国

图4-8　圆明园遗迹景观（1987年摄）

成立后，国家高度重视圆明园遗址保护和整理，辟为遗址公园（图4-8）。

4.3　承德避暑山庄

避暑山庄也叫"热河行宫"，位于河北省承德市北部，群山环抱，地势高爽，气候宜人，是清代皇帝用于夏季避暑、围猎阅兵和处理政务的大型离宫御苑（图4-9、图4-10）。

避暑山庄始建于清康熙四十二年（1703），乾隆五十五年（1790）竣工，总面积约564公顷，建筑110余处，是我国现存占地最大的皇家园林。避暑山庄东界武烈河，西面和南面毗邻承德市区，北面为狮子沟；背山面湖，草木蓊郁，山峦起

图4-9　清代乾隆皇帝在避暑山庄骑马射猎画像

图4-10　避暑山庄朴素自然的
宫殿区（1983年摄）

伏，亭榭掩映；湖沼洲岛错落有致，山清水秀野趣盎然。

　　避暑山庄正门名"丽正门"，虎皮石宫墙仿北京大内形制甃以雉堞，依山势蜿蜒起伏，长达20余里，人称"小长城"。山庄分"宫区"和"苑区"两大部分，苑区又分湖洲区、平原区和山岭区三大景区，有康熙以4字题名的36景和乾隆以3字题名的36景散布其中，各具特色（图4-11）。在山

图4-11　避暑山庄烟波致爽殿内景

庄外围的山岭上，先后建置了10座壮丽的庙宇环绕着山庄，有如众星拱月一般，衬托得山庄气势更加雄伟。所以，乾隆在《避暑山庄后序》中曾盛赞山庄曰："物有天然之趣，人忘尘世之怀，较之汉唐离宫别苑，有过之无不及也。"

　　避暑山庄造园艺术的主要特色，在于朴野、自然的景观风韵，即那种在城市里难得享受到的山野村落情调和漠北山寨的乡土气息。乾隆皇帝曾手书《山中》诗一首，盛赞山庄里"鸟依客语""树张清阴""鹿向人亲"的野趣。这种"以山为宫，以庄作苑"的手法，在历代皇家园林的营造中亦为罕见（图4-12、图4-13）。

　　避暑山庄有得天独厚的自然山水条件，于风景名胜中装点园林。造园匠师充分利用了地宜和地利，运用"鉴奢尚朴"和"以清幽之趣药浓丽"的造景手法，形成了淡泊、素雅、朴野、珍奇的艺术格调，突出山庄离宫的自然情趣特色，给人以入山听鸟喧、临水赏鹿饮的审美感受。

图4-12　避暑山庄湖洲区全景，园外借景著名的棒槌峰

图4-13 避暑山庄水心榭

避暑山庄在总体布局上可分为四大景区：

（1）**行宫区** 位于山庄南端的山冈上，筑有正宫、松鹤斋和东宫等殿堂，供皇帝园居时上朝理政。其平面布置沿袭传统的对称均齐格局，但木材不施彩绘，楹柱不加朱漆，屋面只用灰色筒瓦，显得庄重朴素，尽量与周围清新的自然风景相协调。正宫大殿取名"淡泊敬诚"，是为园主托物言志之物。

（2）**湖洲区** 水面不到全园用地的1/6，却集中了全园一半以上的风景建筑，是避暑山庄的精华所在。恰如《热河志》所云："山庄胜处，正在一湖"。

湖洲区西半部以水景开阔取胜，多设风景建筑景点；东半部较多幽闭的水域，相应以小园和建筑群为主，景区内建筑布局与水域开合聚散、洲岛桥堤和绿化种植的障隔通透恰当结合，构成步移景异的优美画面。景区内的水心榭、如意洲、月色江声、小金山、烟雨楼、云帆月舫、芝径云堤、锤峰落照、文园狮子林等，都是著名的园林胜景（图4-14）。尤其是

图4-14 避暑山庄湖洲区主景——烟雨楼

　　靠如意湖东岸的小金山岛，地貌酷似江苏镇江金山寺"江中浮玉"的缩影，因此而得名。岛上的建筑物也模仿镇江金山寺"屋包山"的做法，临湖曲廊周匝回抱形如弯月，与如意洲上的建筑群隔水形成对景。岛上除西部有小狭条平地外，均为块石叠山，高达9米多，气势不凡。石山顶部有个八角三层的崇阁，称"上帝阁"，意为"皇穹永佑"。

　　小金山是避暑山庄湖洲景区内许多风景画面的构图中心，它与对岸的"烟雨楼"、山区的"南山积雪""北枕双峰"等景点互成对景。登临崇阁环眺，以湖区为近景的最佳山水画卷扑面而来（图4-15），仿佛"北固烟云，海门风月，皆归一览。真情实景，不即不离。"（康熙《御制诗二集》）。

　　（3）**平原区**　位于澄湖以北，其南缘即如意湖北岸建置的四个小景点："甫田丛樾""濠濮间想""莺啭乔木""水流云在"，四列环布，倒影波间。在如意湖西岸有条石垒砌的南北向跨水堤桥一座，西湖之水由桥孔注入东湖。堤桥两端竖宝坊两座，北曰"双湖夹镜"，南曰"长虹饮练"，均为康熙皇帝所题，与水心榭的宝坊恰成呼应。桥北原有"玉琴轩"和"宁静斋"，还有以瀑布得名的"千尺雪"等景点。往北便为收藏四库全书的"文津阁"，自成一局小园。文津阁东面有一大片草原和树林，景名"试马埭"和"万树园"，丰草茂树，广阔粗犷，风光酷似塞上草原。有飞雉野兔栖息其间，山庄中豢养的梅花鹿等也大都来此觅食。这里既是秋凉时皇帝骑射围猎的狩猎场，也是蒙藏等族王公入觐时张幕赐宴和观灯火马戏的燕乐之地。平野尽处，有永佑寺的舍利塔拔地耸天，作为湖洲、平原两大景区南北纵深尽端收束处的对景。

（4）**山岭区** 约占山庄总面积的八成，风景清幽。景区内因山构室布局有多组园林建筑，或深奥，或开旷，各有擅胜，是山庄里园林建筑艺术发挥得最为充分之地。如"青枫绿屿"之悬谷安景；"山近轩"之山怀建轩；"碧静堂"之绝巘构室；"秀起堂"之据峰为堂；"玉岑精舍"之沉谷架屋；还有"鹫云寺""静含太古山房""有真意轩""珠源寺""绿云楼""水月庵""食蔗居""含青斋""四面云山""罨画窗"等园林建筑，都大大丰富了自然山水跌宕起伏的审美韵律。

在整个山岭区中，园林景点在几条大山谷中若隐若现，建筑得山水而立，山水得建筑而奇，互得益彰，相映生辉。这些依山傍溪巧妙设置的山居建筑，充分体现了避暑山庄的风景特色。

从功能上看，避暑山庄不仅是一座供皇帝夏季避暑的离宫园林，也是设在塞外的一个政治中心（图4-16）。乾隆曾说过："我皇祖建此山庄于塞外，非为一己之豫游，盖贻万世之缔构也。"康熙和乾隆所倾慕的天然风致之美，主要是湖洲区模拟江南的明山秀水和山岭区效仿泰岱名胜的山居寺观，表现出一种"移天缩地在君怀"的帝王心态。而平原区的大漠草原情调，外八庙结合地形地貌所模拟的西北、西南边疆地区景观，是为清廷与边疆少数民族进行政治联谊活动提供场所，渲染气氛，作为民族团结、祖国统一的象征。所以，避暑山庄又是一个将园林造景与政治功能相结合的成功范例。

1994年，避暑山庄被联合国教科文组织列入世界文化遗产名录。

图4-15　避暑山庄如意湖

图4-16　避暑山庄外八庙

4.4　北京颐和园

颐和园原名"清漪园",是清代皇室继圆明园、避暑山庄之后营造的第三个,也是最后一个规模宏大的皇家园林(图4-17)。

颐和园占地290公顷,由万寿山和昆明湖构成山水主体,其中水面215公顷,占全园面积3/4。早在金代,昆明湖名"金水池",万寿山名"金山"。元代改金山为"瓮山",山名缘于一位老人在山上得一瓮的传说。同时改金水池为"瓮山泊",俗名西湖、西海子;沿湖建有"好山园"等园林。明代于瓮山上建"圆静寺"。正德年间以好山园为行宫,一度改瓮山为"金山",瓮山泊为"金海",成为京都郊游胜地,并有"西湖十景"之说。至明末清初,瓮山西湖一带渐渐湮废,园林残破。

清乾隆十四年(1749)起,皇帝开始对西湖进行大规模疏浚,同时在瓮山建"大报恩延寿寺",以贺皇太后60大寿。造园过程历时近15年,于乾隆二十九年(1764)完工(图4-18)。从此,西湖改名为"昆明湖",瓮山改名为"万寿山",全园称"清漪园"。此后,嘉庆、道光两朝亦有少许增修。咸丰十年(1860)英法联军入侵北京,使清漪园与圆明园一道

图4-17　颐和园壮丽辉煌的排云殿和佛香阁建筑群

化为灰烬。

清代光绪十二年（1886）至光绪十七年（1891）间，慈禧太后挪用海军军费800万两白银重修清漪园，并更名为"颐和园"，寓意"颐养冲和"。重修的建筑基本上依样在原址

图4-18 颐和园画中游庭院，相传为乾隆三下江南后授意设计

上复原，但因人、财、物力所限，只集中修复了前山部分。光绪二十六年（1900），八国联军攻进北京，颐和园又惨遭劫难。第二年，慈禧太后再次动用巨款修复了残损的颐和园。

辛亥革命后，颐和园归属末代皇帝溥仪。民国三年（1914），颐和园首次向公众开放；民国十三年（1924）辟为公园。新中国成立后，人民政府不断修葺整理颐和园，恢复了历史名园的壮丽风貌。

颐和园大体可分为三大景区：

（1）**宫殿区** 位于万寿山东面山麓，是以方整的建筑院落组成的靠山临湖建筑群，包括入口朝房（东宫门等）、前朝（仁寿殿等）和后寝（乐寿堂、玉澜堂等）部分。前朝部分以东西向轴线为中心，基本按皇宫建筑的形制布局；后寝部分则改为南北向轴线布置，并紧贴湖面。沿湖建筑结合昆明湖东岸景致的轮廓线变化错落有致地安排布局，配以花饰灯窗和汉白玉雕栏等，精美华丽，处理得极为巧妙。

（2）**前山前湖区** 其面积约占全园面积的90%，包括东宫门建筑群、佛香阁、烟波浩渺的昆明湖和点缀有各种园林建筑的万寿山南麓（图4-19）。其中，昆明湖仿杭州西湖的理水手法，筑西堤，建六桥，承袭了历代皇家御苑的"一池三山"布局形制，在湖中堆三岛（南湖岛、治镜阁和藻鉴堂），追求"海中神山"的意境。辽阔的昆明湖面横陈于万寿山南坡，园外玉泉山塔影和西山岚光以及沃野平畴等美景均可借景入园。沿昆

图4-19　颐和园前山前湖景区

明湖畔蜿蜒伸展728米的彩饰长廊，共273开间，串联排云殿、宝云阁（铜殿）、听鹂馆、画中游、清晏舫（石舫）等主要风景建筑，是我国古典园林中最长的游廊。

昆明湖东岸的知春亭，据岛临湖，垂柳环绕，每当春日融融，美丽风光令人心醉。湖中汉白玉石砌筑的十七孔桥，有如一道长虹飞架湖心，从东岸连接着绿荫掩映的南湖岛。桥头还有中国古典园林中体量最大的亭子"廓如亭"和造型生动的铜牛。在昆明湖西岸，纵贯南北的一线长堤，装点着秀丽多姿的"西堤六桥"，景致胜似杭州西湖。

（3）**后山后湖区**　以宏伟壮观、金碧辉煌的藏式佛寺建筑群（须弥灵境、四大部洲等）为主体，辅之以高低错落、精巧玲珑的若干山居别墅，又有曲水萦回、收放有致、高林深谷、幽邃野趣的后溪河贯穿，构成与前山开朗旷远空间在风景性格上相对比的迷离幽远空间，极富山林野趣和浪漫情调。景区内建有仿无锡寄畅园的"谐趣园"，后山后湖区中段仿苏州水街形式临水修筑的"买卖街"（图4-20），更增添了江南城镇的市井生活色彩。

图4-20　颐和园后湖买卖街

　　颐和园是一个以帝王君权神授、君临天下和藏奇纳胜的造园思想为指导，巧于相地借景和规划经营的离宫型自然山水园，其艺术风格主要表现在：以"人化自然"的大型山水风景为主题，营造天然野趣与帝王至尊相结合、宗教气氛与世俗风味相融洽、园居听政与寄情山水相统一的游憩生活境域；寓情于景，达理于境，空间多样，生趣盎然，情景交融，意境深邃，达到了极高的园林艺术水平。1998年，颐和园被联合国教科文组织列入世界文化遗产名录。

4.5　北京三海宫苑

　　北京"三海"位于紫禁城西北的景山脚下，原为三个连绵的天然湖泊，碧波荡漾，楼宇错落，花木纷呈，俗称"北海、中海和南海"。其中，中海和南海区域又合称为"中南海"。北京三海是经辽、金、元、明、清五个朝代逐渐修建而成的帝王宫苑，也是现存最古老、最完整的皇

图4-21　北京三海宫苑之琼华岛

家园林瑰宝。因其位于紫禁城西面，当时统称为"西苑"，营造至今已有900多年的历史。

　　中南海在明代以前称"太液池""西海子"，始建于辽金，后经元、明、清代不断扩建，总面积达100公顷（其中水面约47公顷），是帝王的行宫和宴游之地。中海的主景建筑有紫光阁、蕉园和水云榭。水云榭原为元代太液池中的墀天台旧址，现存有清乾隆皇帝所题"燕京八景"之一的"太液秋风"碑石。南海的主景为一组殿阁亭台、假山廊榭所组成的景区，名"瀛台"。瀛台东有石桥通达岸边。此外，中南海内还有丰泽园和静谷，为园中之园，其中静谷的湖石假山堆叠手法十分高超。中海"水云榭"，南海"瀛台"和北海"琼华岛"，共同构成了"北京三海"里的"三神山"（图4-21）。

　　瀛台岛在清代顺治、康熙年间曾大规模修建，既为帝后们的避暑之地，也是康熙皇帝垂钓、看烟火、赐宴王公宗室等活动之所。瀛台之名取自传说中的东海仙岛瀛洲，寓意人间仙境。岛上建筑按轴线对称布局，自北至南布局有翔鸾阁、涵元门、涵元殿、蓬莱阁、香依殿、迎薰亭等，与东西朝向的祥辉楼、景星殿、庆云殿等共同组成三重封闭的庭院。岛上点缀有许多园林游赏建筑：东面有补桐书屋、随安室、镜光亭、韧鱼亭；西面有长春书屋、八音克谐亭、怀抱爽亭等。另有宝月楼与瀛台隔水相望，民国后改称"新华门"。南海的东北隅有韵古堂，即"瀛洲在望"。堂东有立于池中的流杯亭，昔日有飞泉瀑布下注池中，乾隆帝题有"流水音"匾；亭内地面上凿有流水九曲，乃沿袭古代"曲水流觞"的习俗。

中海的主要殿宇为勤政殿，与瀛台隔水相望，是慈禧处理政务之所。慈禧曾在这里铺设了一条轻便铁路通往作为别墅的静心斋。勤政殿西有结秀亭，亭西为丰泽园，园外有稻田数亩，是皇帝演耕的地方，园内有颐年堂、菊香书屋，颐年堂西有春藕斋、居仁堂、植秀轩等。丰泽园西为静谷，是一座非常幽静的园中园，屏山镜水，云岩毓秀，曲径通幽。

琼华岛为北海胜景，东北坡古木参天，为"燕京八景"之一的"琼岛春阴"，景色如画，美不胜收（图4-22、图4-23）。中部以佛教建筑为主，永安寺、正觉殿、白塔，自下而上，高低错落，尤以高耸入云的白塔最为醒目；西部以悦心殿、庆霄楼等建筑为主，有阅古楼、双虹榭和许多假山隧洞、回廊、曲径等。东、北两岸有建筑群多处，如画舫斋、濠濮间（图4-24）、静心斋、天王殿、小西天、五龙亭、九龙壁等园中园和佛寺

图4-22 琼岛春阴　　　　　图4-23 琼岛春阴景名御碑

图4-24 北京三海宫苑之濠濮间

建筑，各具特色。琼华岛西北面阅古楼内存放自魏晋至明代的法帖、题跋、刻石数百件，内壁嵌存摹刻故宫中的《三希堂法帖》，堪称墨宝，为清乾隆年间原物。附近还有琳光殿、延南薰亭和山腰中的"仙人承露盘"。

三海中屹立于水滨的"团城"以永安桥与琼华岛相连，面积约4500平方米，平面呈圆形，周围以城砖垒砌，高约5米，主体建筑承光殿为十字平面的重檐大殿，造型精巧，内供奉白玉佛一尊。团城上供绿玉琢成的玉瓮一只，直径1.5米，十分珍贵。琼华岛南面寺院依山势排列，直达山麓南边的牌坊，以永安桥横跨团城，与团城的承光殿气势连贯，遥相呼应。团城上古木参天，有著名的油松"遮荫侯"和白皮松"白袍将军"，冠圆似盖，苍劲挺拔。

北海镜清斋面积4700平方米，原为乾隆书苑，后辟作皇子书斋。往西是天王殿，正殿为楠木建筑，是翻译和印刷大藏经的地方。后面琉璃阁为发券式无梁殿结构，壁上嵌满琉璃佛像，光彩夺目。天王殿西侧有座用424块七色琉璃砖砌成的九龙壁，建于1756年，长25.86米，高6.65米，厚

图4-25 北京三海宫苑之五龙亭

1.42米，是中国三座著名九龙壁中最精美的一座。沿九龙壁南行，有元代浮雕艺术珍品"铁影壁"，长3.56米，高1.89米，颜色与质地如同铁铸，双面雕刻云纹与怪兽。铁影壁北面有三进院落。主建筑曾是乾隆帝礼佛前后的更衣处和游憩的别馆。清乾隆四十四年（1779），为保护王羲之的《快雪时晴帖》，增建了一个院落"快雪堂"。西面沿湖设有五座亭子，建于清顺治八年（1651），飞金流彩，远望宛如五龙浮动，俗称"五龙亭"（图4-25）。

4.6 北京天坛

天坛位于北京皇城的南端，是明清两代皇帝每年祭天和祈谷的圣地。在中国古代，只有皇帝才有祭天的特权。按照阴阳五行之说，天属阳，应在南郊祭祀；地属阴，应在北郊祭祀。

天坛原名为"天地坛"，始建于明代永乐十八年（1420）。明初，

图4-26　北京天坛祈年殿

皇帝祭天地仪式都在这里举行。1530年，明代皇帝在北京北郊另建"方泽坛"，实行天地分祭。从此，天坛专门用于祭天。

天坛占地面积273公顷，比颐和园略小。整体建筑布局呈"回"字形，分为内坛、外坛两部分，各有坛墙相围。外坛墙总长6414米，西门为天坛的正门，是皇帝前来祭祀时进出的大门。内坛墙长3292米，北面围墙高大，均为半圆形；南边的围墙较低而呈方形。天坛的总体设计，从建筑布局到每一个细部处理，都强调了君权神授的"天意"。

明代天坛的两组主要建筑"圜丘"与"大享殿"（后称祈年殿）集中布局在内坛中轴线的南北两端，前后相隔15年建成。南北两坛之间由一条长360米，宽28米，高2米的"丹陛桥"相连接，组成一个完整壮观的建筑群，体现了中国古代建筑师丰富的想象力和创造力。两座大殿都采用圆形平面作为构图基本要素，体现中国传统"天圆地方"的宇宙认知。其中，圜丘是扁平的圆台，祈年殿则采用高耸的尖顶（图4-26），这一平一尖的

造型，使两个平面相同
的建筑物在空间构图
上既和谐又有变化。
尤其巧妙的是联结它
们的宽阔甬道由南向北
逐渐升高，使大享殿院
内地面高出周围数米。
登殿四望，只见翠柏苍
茫，如临半空，增加了
祭天所需的神圣气氛

图4-27　浮现于苍松翠柏之上的北京天坛

（图4-27）。登临其上环顾四周，映入眼帘的是广阔的天空和象征天道
的祈年殿，令人油然而生一种与天接近的感觉。故该甬道又称"海漫大
道"，因为古人认为到天坛去拜天等于"上天"，而由人间到上天的路途
漫长遥远。每年在天坛举行的各种祭祀，既是崇拜上天的隆重仪式，也是
帝王借以显示自己至尊至贵的一种典礼。祈年殿以北是皇乾殿，为平时供
奉"皇上天帝"和皇帝列祖列宗神版的殿宇（图4-28）。

图4-28　北京天坛皇乾殿

圜丘坛是皇帝冬至日祭天的地方，又称祭天台、拜天台、祭台等。圜丘重台高筑，周围用墙包络，栏板望柱均用汉白玉砌成。各层栏板望柱及台阶数均用阳数（又称天数，即九及九的倍数）。坛面除中心石是圆形外，外围各圈均为扇面形，数目也是阳数。作为祭天的场所，天坛有别于任何其他皇家建筑，其造型充分显示了"天意"。如圜丘坛专为祭天而建，坛面砌九重石板，符合从人间到上天共有九重层级的神话传说。

皇穹宇在圜丘坛以北，是存放圜丘祭祀神牌的处所。正殿及东西配庑都围合在圆墙之内。圆墙内墙面平整，声音可沿内弧传递，俗称"回音壁"。另外，在皇穹南台阶前还有3块奇妙的回音石。

北京天坛是全球最大的祭天建筑群，也是中国现存规模最大、级别最高的祭祀性皇家园林。其设计之精，建筑之巧，风格之奇，举世罕见。1998年11月，北京天坛被列入世界文化遗产名录。联合国教科文组织世界遗产委员会对它的评价是：天坛，建于15世纪上半叶，坐落在皇家园林当中，四周古松环抱，是保存完好的坛庙建筑群；无论在整体布局还是单一建筑上，都反映出天地之间的关系，而这一关系在中国古代宇宙观中占据着核心位置。同时，这些建筑还体现出帝王将相在这一关系中所起的独特作用。

4.7 明清皇家陵寝

陵寝是墓园的雅称。明清皇家陵寝是指中国明、后金、清共三个朝代的皇帝陵墓群。明清时代（1368—1911）是中国皇室陵寝建设史上的一个辉煌时期。明太祖朱元璋修订了陵寝制度，增设祭奠设施，增加院落及宝盖式屋顶，取消寝宫。清代沿袭明代制度，更加注重陵园的风水环境，希望陵寝能与当地的山川、气候达到"天人合一"的境界，注重按所葬人辈分排列顺序，形成了帝后妃陵寝的配套序列，陵寝建筑也更加富丽堂皇。

明清皇家陵寝从规划建制到建筑造型，均采用集中陵区的手法，设有总入口（图4-29、图4-30）。从正红门开端，经统一的神道石像生、碑亭

图4-29　北京明十三陵之定陵

图4-30　河北清东陵

及华表，再分达各陵区。其建筑的基本布局顺序为：五孔石券桥、牌楼、碑亭、三孔券桥，大月台、宫门、隆恩殿及左右配殿，而后为石平桥、月台、琉璃门、五供、方城、月牙城、宝城、宝顶。在陵寝墓园中，皇帝、皇后、亲王、公主、嫔妃的陵制级别相当严格，形成了一套程式化的规则。

2000年，联合国教科文组织将中国明清皇家陵寝登录为世界文化遗产，2003年和2004年又扩充了登录内容。具体项目包括：河北清东陵（含清代5个皇帝陵墓群，2000年登录）和清西陵（图4-31，含清代4个皇帝陵墓群，2000年登录）；湖北明显陵（含明世宗父母陵墓，2000年登录）；北京明十三陵（含明代13个皇帝陵墓群，2003年登录）；南京明孝陵（图4-32，含明太祖及后妃陵墓，2003年登录）；辽宁盛京三陵（含福陵——努尔哈赤及皇后陵墓，昭陵——皇太极及皇后陵墓，永陵——努尔哈赤祖先陵墓，2004年登录）。世界遗产委员会对它们的基本评价是：明清皇家陵寝依照风水理论，精心选址，将数量众多的建筑物巧妙地安置于地下。它是人类改变自然的产物，体现了传统的建筑和装饰思想，阐释了中国封建社会中持续五百余年的世界观与权力观。

图4-31　河北清西陵

图4-32 南京明孝陵

4.8 北京恭王府花园

恭王府坐落于北京什刹海旁柳荫街,含府邸和花园两部分,总面积约61120平方米,其中花园28860平方米。1982年被列为首批全国重点文物保护单位。恭王府花园融江南园林艺术与北方建筑格局于一园,造园成就为京师王府园林之冠(图4-33)。

恭王府花园又名"萃锦园"。花园环山衔水,曲折掩映,花草铺地,步步为景;曲廊亭榭,斑斓绚丽;山石古木,鸟鸣蝉唱,幽趣盎然。其中,西洋门、福字碑、大戏楼并称"王府三绝",还有流杯亭、安善堂、后罩楼、独乐峰、邀月台、蝠厅等特色景观(图4-34、图4-35)。整个花园山水碧连,绿荫铺地,亭台楼榭,古树掩映。月色下的景致更是别有一番洞天。

恭王府有中、东、西三组院落,中路的3座建筑是府邸主体,包括大殿、后殿和延楼。花园布局也与院落相呼应,20多个景区各不相同。花园

图4-33　恭王府花园垂花门

图4-34　恭王府花园邀月台湖石假山

正门为汉白玉石拱门，仿圆明园中大水法建筑风格，也称"西洋门"。门额石刻为"静含太古""秀挹恒春"，其中的"静"和"秀"，就是园主希望达到的修身养性之生活境界。园中著名的孤赏石"独乐峰"为天然北太湖石，高约5米。整块奇石如淡云舒卷，古朴典雅，又有影壁和屏风的作用。仰望只见"乐峰"二字，而"独"字隐于石的顶端，耐人回味。

　　中部庭园石山为全园主景。独乐峰正面为"蝠池"，形似蝙蝠，是园主祈福的寓意之一。池后山洞中有康熙皇帝手书的"福"字碑。池的四周种植数棵榆树，每到春末，榆树钱（榆树种子）纷纷扬扬随风飘落入蝠池中，故有"聚宝盆"之称。蝠池借"福"和"财"的谐音，寓意着共佑主人吉祥富贵。园中长廊居多，既有平步长廊，也有爬山游廊，依山势而

图4-35 恭王府花园蝠厅

建，蜿蜒盘桓，披着斑斓彩绘，美不胜收。东路大戏楼装饰清新秀丽，缠枝藤萝紫花盛开，使人恍如在藤萝架下观戏听曲。戏楼南端，"怡神所""曲径通幽""垂青樾""吟香醉月"和"沁秋亭"五景构成"园中园"。西路以长方形大水池为主景（图4-36），池中有岛，上有水榭。在清代，北京城内往宅院里引注活水要经皇帝特批，恭王府花园是少数几个享此殊荣的王府之一。

图4-36 恭王府花园湖心水榭

4.9　北京故宫御花园

图4-37　庄严且有生趣的故宫御花园入口景观

图4-38　故宫御花园的烂漫春花

故宫御花园位于北京紫禁城中轴线最北端的坤宁宫后方，始建于明永乐十八年（1420），明代称为"宫后苑"，清代称"御花园"，现仍保留初建时的基本格局。园中不少殿宇和树石，都是15世纪的明代遗物（图4-37）。

御花园南北宽90米，东西长130米，占地11700平方米，约占宫城总面积的1.7％。园内有20多座建筑物，结构精巧多样，间有山石树林、花池盆景，原为帝王后妃休息、游赏而建，也有开展祭祀、颐养、藏书、读书等活动的功能。园内建筑布局基本对称，舒展而不零散，各式建筑布局疏密得当，玲珑别致，古色古香，景观幽雅。每到春花烂漫之时，御花园更显妩媚动人（图4-38）。

图4-39 故宫御花园御景亭和堆秀山

图4-40 故宫御花园内精美的假山园亭

全园建筑布局以钦安殿为中心，主次相辅、左右对称、富丽堂皇，寓变化于严整之中。正中有坤宁门和园内相通，东南、西南两隅设门，分称琼苑东门和西门，可通东西六宫。北有顺贞门（原名坤宁门），门外为神武门。园景大致分三路，依地形安置亭台楼阁。主体建筑钦安殿为5间重檐盝顶式，殿后东北方倚北宫墙用太湖石迭筑的"堆秀"石山，山势险峻，磴道陡峭，叠石手法甚为新颖。山顶"御景亭"（图4-39），是皇帝、皇后重阳节登高的去处。殿后西北方为延晖阁，与御景亭对应成景。园内建筑还有凝香亭、绛雪轩等（图4-40）。在青翠的松、柏、竹间点缀观赏山石，形成四季常青的景观。钦安殿周围有四座亭子：北面"浮碧亭"和"澄瑞亭"为一式方亭，跨于水池之上，朝南伸出抱厦；南面"万春亭"和"千秋亭"为四出抱厦组成的十字折角平面多角亭，屋顶是"天圆地方"的重檐攒尖，造型十分精美（图4-41）。

御花园现存古树160余株，配置各色山石盆景，景观独特。园中奇石罗布，佳木葱茏，其古柏藤萝，皆为数百年之物，点缀花园情趣盎然。如绛雪轩前

图4-41 故宫御花园千秋亭

摆放一段木化石做成的盆景，乍看似一段久经曝晒的朽木，敲之却铿然有声，确为石质，尤显珍贵。园内共有十几棵"连理树"，多由松、柏培育而成。其中一棵由两棵柏树主干联结在一起的最为著名，长势粗壮繁茂。在御花园的东南角，还有一棵巨大的龙爪槐为北京之最。其树冠上的几条大枝沿水平方向弯曲延伸，似数条巨龙凌空飞舞，造型优美，自然成趣，俗称"蟠龙槐"。

故宫御花园内甬路均以不同颜色的卵石精心铺砌而成，组成900余幅不同的图案，有人物、花卉、景物、戏剧、典故等，内容各异却格调统一，是国内古典园林中园路石子铺装镶嵌图案最多的范例。据说这条"御道"是当年为皇帝按摩脚底而铺设的，其中的"颐和春色""关黄对刀""鹤鹿同春"等图案造型优美、动态活泼、构图别致、色彩分明，沿路观赏，乐趣无穷（图4-42、图4-43）。

其实，北京故宫内的御用花园不止一处，还有慈宁宫花园、建福宫花园和宁寿宫花园。其中慈宁宫是皇太后、皇太妃的生活空间，建福宫是皇

太子的居所，宁寿宫则是为乾隆皇帝退位后养老休憩所建，又称"乾隆花园"。这些花园都是宫院相跨的园林，在规模上与圆明园、颐和园等迥然不同：既无山野水面的自然条件，亦缺宽阔舒展的开敞空间，用地面积比较局促，每座花园仅相当于一个中小型的私家园林。不过，由于御花园位于皇宫内苑，在园林营造艺术手法上自然也别具一格，多有创意，力求空间层次丰富，小中见大。

图4-42 故宫御花园的天一门甬道

图4-43 故宫御花园庭院内牡丹花台及特色甬路铺装

第5章
中国寺庙园林之精品赏析

5.1 寺庙园林概观

　　寺庙园林，一般是指宗教（佛教、道教、基督教、伊斯兰教等）活动场所的附属园林（图5-1），也包括带有神话色彩的特殊历史名人（如黄帝、大禹、孔子等）的纪念性祠堂庭园。中国传统建筑里的祠堂也称"家庙"，专为德高望重的长者所设，旨在延续祖宗香火和弘扬传统文化。多数祠堂的住宅部分，后来大都辟为瞻仰、祭祀、缅怀先人的名胜地供大众游览。

图5-1　位于风景名胜中的佛教圣地山西五台山寺庙群

图5-2　泉州开元寺大殿及前庭

　　据考古资料载，中国的寺庙起源约在5000年以前，初期以神祠的形式出现，如红山文化遗址中发现的女神庙。东汉时期，由皇家园林改建成的洛阳白马寺，成为中国的"第一佛寺"。中国寺庙园林的构筑历史大致可追溯到东晋时期。魏晋南北朝是我国历史上的一个文化大融合时期，宗教思想十分活跃。佛教从西晋开始兴盛，道教也有所发展。如南朝梁武帝时，曾将佛教定为国教。此期内佛寺、道观建设极多，相应就出现了寺庙园林的营造。

　　东晋佛教白莲宗大师慧远，遍游北方的太行山、恒山，南下荆门，来到庐山。他流连于庐山的山清水秀，遂建寺营居。《高僧传·慧远传》云："远创造精舍，洞尽山美，却负香炉之峰，傍带瀑布之壑，依石垒基，即松栽构，清泉环阶，白云满室，复于寺内别置禅林，森树烟凝，石筵苔合。凡在瞻履，皆神清而气肃焉。"可见其相地合宜、因借营建之精。

　　寺庙园林，或与佛寺道观庭院相结合而形成园林化的寺庙（图5-2），

图5-3　四川德阳文庙庭园

或毗邻于寺观大院而单独建置，犹如宅园之于住宅。南北朝时期的佛教徒盛行"舍宅为寺"之风，贵族官僚们把自己的住宅捐献出来作为佛寺，将原来的居室改成供奉佛像的殿宇，宅园部分则保留为寺院的附属园林。此类寺庙园林与宅园在内容和规模上都很接近，只是欣赏趣味上有所不同（图5-3）。由于寺庙本身是"出世"的生活场所，不论佛教中描绘的"天国"还是道教里追寻的"仙境"，都对寺庙环境质量有较高要求，园林风格一般更加淡雅自然。还有些寺庙建筑地处山林名胜，其环境本身就是可资观赏的景观，庭院空间和建筑处理也多使用园林手法，使整个寺庙与山林环境构成一个优美的园林。

南北朝时期的寺观兴建遍布天下州郡。不仅在城市中和城市近郊，更多的是在山清水秀的风景胜地构筑精舍。佛教的僧侣参禅修炼需要清静的场所，宜于岩栖山居；道教的道士炼丹需要进深山采药，也适于立足山区。而梵刹琳宇、道观洞天的选址又必须满足三个基本条件：一是靠近水源以便于获取生活用水；二是靠近树林以便于就地取材构筑房舍；三是有地势凉爽、背风向阳的良好小气候。凡具备这三个条件的地方，往往也就是风景比较幽美之处。加上自晋代以来，僧侣道士们大都杖锡游历名山大川，有一定的文化见识和美学修养，对自然风景之美有较高的鉴赏能力。因此，他们在寺观选址时独具慧眼，便是顺理成章的事了。因此，中国有句"天下名山僧占多"的谚语。加之佛寺道观依傍山势、架岩跨涧、高低错落，布局上颇为讲究曲折幽邃，使其不仅成为自然风景的点缀，本身也无异于绝美的园林。中国著名的泰山、华山、峨眉山、五台山、九华山、普陀山等风景名胜，很大程度上就是由于佛寺、道观的设置和发展而逐步形成的。

　　唐宋时期，佛教、道教及儒家学说迅速普及，寺庙建筑的布局形式趋于统一为"伽蓝七堂式"。寺庙既是举行宗教活动的场所，还是民众交往、娱乐的活动中心。此时的文人墨客，也把对山水的认识引入了寺庙氛围。这种世俗化、文人化的浪潮，促使寺庙园林的建设水平产生了飞跃。如唐代长安的广恩寺以牡丹、荷花最为有名，苏州的玄妙观也发展成规模宏大的寺庙园林。据传宋代名画家赵伯驹之弟所绘《桃源图》，描绘的就是玄妙观的情景。到了明清时期，寺庙园林的建设更是达到高潮。

图5-4　山西太原晋祠的园林景观

　　中国古代寺庙园林不仅是宗教信徒们的朝拜圣地，也是平民百姓的游览观光胜地。所以，在现存的中国古典园林中，寺庙园林建筑的数量之大、分布之广，远超皇家园林和私家园林。较为著名的有北京潭柘寺、八大处、河南嵩山少林寺、山西太原晋祠（图5-4）、承德避暑山庄"外八庙"、山东曲阜孔庙、四川峨眉山报国寺和青城山上清观、四川新都宝光寺等。寺庙园林营造中多运用"略成小筑，足征大观"的艺术手法，用较少的建筑布置在制高点和景观转折处以控制整体风景形势，达到"千山抱一寺，一寺镇千山"的艺术效果。

中国寺庙园林在建筑单体营造上，多数是就地取材，运用当地民间建筑的传统处理手法，既满足了宗教活动的要求，又具有浓厚的乡土气息和地方色彩。在细部处理手法上，匠师们善于控制建筑的尺度，掌握适宜的体量，用质朴的材料、素净的色彩表现出不同于其他园林建筑类型的素雅气氛；同时也常运用特色园林建筑小品来深化景观意蕴。在植物造景上，树种选择注重因地制宜，常采用多单元、多层次的象征构图手法，组成一幅幅风景画卷。如：万壑松风、松鹤清樾、曲水荷香、古木新花等。这些有形、有色、有香、有声、有名的寺庙园林，能唤起人们丰富的审美联想，进一步烘托寺庙景观的诗情画意。

5.2　北京潭柘寺

潭柘寺始建于1700年前的西晋，是北京地区最早修建的一座佛教寺庙，故民间又有"先有潭柘寺，后有北京城"之说。潭柘寺在晋代名叫"嘉福寺"，唐代改称"龙泉寺"，金代御赐寺名为"大万寿寺"，明代又先后恢复了龙泉寺和嘉福寺的旧称。到了清代，康熙皇帝赐名"岫云寺"。但因其寺后有龙潭，山上有柘树，故而民间一直称其为"潭柘寺"，流传至今。

潭柘寺坐北朝南，背倚宝珠峰，周围有九座高大的山峰呈马蹄状环护，从东边数起依次为：回龙峰、虎踞峰、捧日峰、紫翠峰、集云峰、璎珞峰、架月峰、象王峰和莲花峰。九座山峰宛如九条巨龙，拱卫着中间的宝珠峰。潭柘寺古刹就建在宝珠峰的南麓。高大的山峰挡住了从西北方向袭来的寒流，使寺院所在之地形成了一个温暖、湿润的小气候环境，因而植被繁茂，古树名花数量众多，自然环境极为优美（图5-5）。

图5-5　潭柘寺最高处的观音殿，乾隆皇帝御书门匾"莲界慈航"

潭柘寺规模宏大，寺内2.5公顷，寺外11.2公顷，加上周围所辖的林地，总面积达121公顷以上。寺内有石鱼、流杯亭、拜砖、帝王树、龙须竹等著名景点。其旁的戒台寺内保留有全国最大的佛教戒坛，故有"神州第一坛"的美誉。据统计，北京城内故宫有房9999间半，潭柘寺在鼎盛时期的清代有房999间半，俨然是故宫的缩影。相传明初修建紫禁城时，就参考借鉴了潭柘寺。

潭柘寺现存建筑为明清两代遗物。殿堂随山势高低而建，呈阶梯形层层高升，东西配殿相辅，错落有致。寺内有"十景"：九龙戏珠，雄峰捧日，千峰拱翠，平原红叶，锦屏雪浪，层峦架月，御亭流杯，殿阁楠薰，万壑堆云，飞泉夜雨。寺内之泉终年潺潺，供养着千名僧众，素有"潭柘以泉胜"之赞许。

潭柘寺内古迹文物甚多，镀金鸥带、金代诗碣、清代肉身佛、巨大的铜锅、神奇的石鱼、妙严公主拜砖等都是文物珍品。庭院中古树名木枝叶茂盛，历经千年风雨风采依旧（图5-6），静看世事沧桑，有卧龙松、九龙

图5-6　潭柘寺花木掩映的中路庭院

松、活动松等"十大名松"蜚声海内外。寺内有一口直径1.85米、深1.1米的铜锅,为昔日僧人做菜之用,是北京现存最大的饭锅。寺内还有一副著名的对联:"大肚能容,容天下难容之事;开口便笑,笑世间可笑之人"。

　　千百年来,潭柘寺因其悠久的历史、雄伟的建筑、优美的风景和神奇的传说而受到历代统治者的青睐。自金代熙宗皇帝之后,各朝都有皇帝到潭柘寺进香礼佛,游山玩水,并拨款整修和扩建寺院。王公大臣、后妃公主们也纷纷捐资布施,民间善男信女与潭柘寺结有善缘的更是成千上万。清代时,潭柘寺在建筑规模、土地财产、宗教地位、政治影响等方面都达到了鼎盛。尤其是康熙皇帝把潭柘寺定为"敕建",使其成为北京地区规模最大的皇家佛寺。因此,潭柘寺在佛教界一直占有重要地位,在金代以后很长一个时期内是大乘佛教禅宗里"临济宗"的代表寺院,名僧辈出。历代的高僧大德们为研究佛学、弘扬佛法,呕心沥血,不断扩建修葺,繁盛寺院香火,因而在《高僧传》上标名,流传千古。潭柘寺在政治上具有强大势力,在经济上拥有庞大庙产,在佛门拥有崇高地位,再加上寺院的

图5-7 潭柘寺流杯亭

庞大规模，故享有"京都第一寺"的美誉。

潭柘寺地处幽林深山，览胜怀古俱佳。中国佛教协会会长赵朴初先生曾题联赞曰："气摄太行半，地辟幽州先"。身临名山古刹，能感受到宗教建筑艺术与广袤深邃大自然和谐共生的无穷意境（图5-7）。

5.3 杭州灵隐寺

灵隐寺位于杭州西湖灵隐山麓，始建于东晋咸和初年（326），至今已近1700年的历史，是我国佛教禅宗十刹之一（图5-8）。相传，印度高僧慧理登临此地，见山峰奇秀仿佛"仙灵所隐"，说它是天竺灵鹫山的小岭，不知何年飞来，故命名为"飞来峰"。峰下有不少天然岩洞，前有冷泉。慧理便在此建寺，取名"灵隐"。随着寺院的发展，他又在飞来峰造了不少佛像。后来，济公在此出家。因他游戏人间的故事家喻户晓，灵隐寺便名闻遐迩。五代吴越国时期，灵隐寺历经两次扩建，发展成为有9楼、18

图5-8　灵隐寺入口照壁

阁、72殿堂、房屋1300余间的大寺，僧众多达3000人。北宋时，气象恢宏的灵隐寺被列为禅院五山十刹之首。清代康熙皇帝南巡时，曾登寺后北高峰顶览胜，见山下云林漠漠，整座寺庙笼罩在一片幽静淡雅的晨雾之中，便御笔赐名灵隐寺为"云林禅寺"。

　　灵隐寺深得禅宗"隐逸"意趣，雄伟的寺庙深隐在西湖群峰的密林清泉之中。寺前，有冷泉、飞来峰等胜景。相传苏东坡在杭州主政时，常携诗友僚属来此游赏，曾在冷泉亭画扇判案。灵隐寺的天王殿上悬"云林禅寺"牌匾，是康熙皇帝的手笔（图5-9）。大殿正中佛龛里坐着袒胸露腹的弥勒佛像，后壁佛龛里站着神态庄严、手执降魔杵的韦驮菩萨，由独块香樟木雕成，是南宋遗物。

　　灵隐寺大雄宝殿原称"觉皇殿"，为单层三叠重檐（图5-10）。佛祖释迦牟尼高踞殿正中莲花座上，高19.6米，金光四射，妙相庄严，颔首俯视，令人敬畏。它是我国最高大的木雕坐式佛像，是以唐代禅宗著名雕塑为蓝本，用24块香樟木雕成。后壁为《五十三参》彩绘群塑，有姿态各异大小佛像150尊,表现佛经中善财童子历经磨难参拜53位名师终于得证佛果的故事。壁塑的主像是足踏鳌背,手执净瓶的观世音菩萨,正在接受善财童子的参拜。

药师殿中供奉药师佛像,其左胁侍为日光遍照菩萨,右胁侍为月光遍照菩萨,合称"东方三圣"或"药师三尊"。殿左有罗汉堂陈列五百罗汉像线刻石。天王殿前左右各有石经幢一座,大雄宝殿前月台两侧各有一座八角九层仿木结构石塔,塔高逾7米,塔身每面雕刻精美,均为吴越年雕造。灵隐寺珍藏的佛教文物有古代贝叶经、东魏镏金佛像、明董其昌《金刚经》写本、清雍正木刻本《龙藏》等,均为弥足珍贵的宝物。寺内殿宇、亭阁、经幢、石塔、佛像等建筑和雕塑艺术,对于研究中国佛教史、建筑和雕塑艺术史都很有价值。

灵隐寺的园林景观精美,除寺内有一些假山、古树、花木外,寺前的清溪流水沿岸与山泉之间曲径通幽,小桥飞跨。寺庙山门前建有冷泉亭、壑雷亭、翠微亭等景致。唐代大诗人白居易写有《冷泉亭记》描述该

图5-9 康熙帝御笔手书云林禅寺牌匾的天王殿

图5-10 灵隐寺大雄宝殿前庭香烟缭绕

图5-11　灵隐寺飞来峰的石窟造像

地的景色。寺前的飞来峰，又名"灵鹫峰"，高168米，山体由石灰岩构成。在面朝灵隐寺的山坡上，遍布五代以来的佛教石窟造像，多达340余尊（图5-11）。其中，西方三圣像（五代）、卢舍那佛会浮雕（北宋）、布袋和尚（南宋）、金刚手菩萨、多闻天王、男相观音（均为元代），都是不可多得的艺术珍品。

　　灵隐寺飞来峰多岩溶洞壑，如龙泓洞、玉乳洞、射旭洞、呼猿洞等，每洞都有来历，极富传奇色彩。山岩怪石造型奇特，如蛟龙、如奔象、如卧虎、如惊猿，仿佛一座石质动物园。山上老树古藤，盘根错节，岩骨暴露，峰棱如削。明代文人袁宏道曾盛赞道："湖上诸峰，当以飞来为第一。"

5.4　扬州大明寺

　　大明寺位于扬州城区西北郊蜀冈风景区之中峰（图5-12），依山面

图5-12 扬州大明寺山门牌坊

水，享有"淮东第一胜境"的盛名，古往今来高僧辈出。君王贤圣，骚
人墨客，国内外风雅名流曾云集于此，流连忘返，古有"扬州第一名胜"
之说。

大明寺初建于南朝宋孝武帝大明年间（457—464）。隋仁寿元年
（601），文帝杨坚60寿辰，诏令在全国30个州内立30座塔以供奉舍利（佛
骨）。其中一座建立在大明寺内，称"栖灵塔"，高9层，存放佛祖之圣
灵。唐代著名诗人李白、高适、刘长卿、刘禹锡、白居易等均登临赋诗赞
颂。唐天宝二年（743），大明寺律学高僧鉴真大师应日本僧人荣睿、普照
的邀请，为弘扬佛法首次筹划东渡日本。历经10年艰险，先后5次失败，终
于在753年东渡成功，成为中日友好文化交流的先驱。

清代康熙、乾隆皇帝多次南巡扬州，大明寺不断增建，规模逐步宏
大，遂成扬州八大名刹之首。雍正帝题联"万松月共衣珠朗，五夜风随禅
锡鸣"，乾隆帝题匾额"蜀冈慧照"和门联："淮海奇观别开清净地，
江山静对远契妙明心"。1765年，乾隆第四次巡游扬州时御笔题"敕题

法净寺"。咸丰三年（1853）寺院毁于太平军与清军之兵燹，同治九年（1870）盐运使方浚颐重建。

大明寺风物景观甚佳，包括寺庙、文章奥区（栖灵塔院）、鉴真纪念堂、仙人旧馆和西园芳圃五部分。寺内"平山堂"建于宋庆历八年欧阳修主政扬州之时。欧公在政务之余寄情于山水诗酒，游目骋怀，筑平山堂作讲学、游宴之所，数月而成。登堂望江南诸山含青吐翠，飞扑于眉睫而恰与堂平，故定此堂名。西园建于乾隆元年（1736），1751年重修，又称"平山堂御苑"。园内凿池数十丈，流瀑突泉，山水秀丽。由山亭入舫屋，池中建覆井亭，上置辘轳。亭前建荷花厅，缘石磴而南，石隙中又有井，相传明僧智沧溟于此掘地得泉。泉井一侧勒"第五泉"石刻，碑高2米，为明御史徐九皋所书；旁为观瀑亭，亭后筑有梅花厅，以奇石为壁，两壁夹涧，壁中有泉淙淙。旧时剖竹相接，钉以竹钉，引五泉水贮以僧厨，有古诗云："引泉竹溜穿厨入"，景趣别具一格。

大明寺内"第五泉"名胜位于西苑梅林之南，有一小池称"上池"（图5-13）；池边六角尖顶的风亭，名"待月亭"。亭前有深井，古称

图5-13　大明寺第五泉景区之"待月亭"

图5-14　大明寺的鉴真纪念堂

"下院蜀井"，唐元和九年（814）状元张又新《煎茶水记》曰："扬子江南零水第一，无锡惠山寺石水第二，苏州虎丘寺石水第三，丹阳县观音寺水第四，扬州大明寺水第五……"大明寺泉水因此誉称"第五泉"。

　　鉴真纪念堂由著名建筑学家梁思成教授主持方案设计，循唐代建筑遗规并参照日本唐招提寺"金堂"之风格，占地2540平方米，1973年11月建成（图5-14）。鉴真东渡不仅对日本佛教发展产生巨大影响，在建筑、雕刻、文学、医学方面的影响也极为显著，他也成为中日文化交流缔结纽带的不朽人物。

　　平远楼高三层、阔三间，单檐歇山顶，初建于清雍正十年（1732），取宋代画家郭熙《山水训》中"自近山而望远山，谓之平远"句意命名，楼下前置卷棚廊，二楼槛窗横陈。谷林堂为苏轼知扬州时为纪念恩师欧阳修而建，取"深谷下窈窕，高林合扶疏"每句的第二个字"谷""林"为堂名。今之谷林堂为清同治年间重建。

5.5　昆明太华寺

太华古寺位于昆明西山最高峰太华山腰，紫翠环合，苍深雄峻（图5-15）。它始建于元大德十年（1306），梁王甘麻刺赐寺额"佛严寺"，云南禅宗的"开山第一祖"玄鉴法师常在此讲经说法，后改称"太华寺"。明末寺院被毁，清康熙二十六年（1687）总督范承勋重建，光绪九年（1883）又重修。历经700年风雨驳蚀和沧桑岁月，多次扩建修葺，主殿仍保持元代建筑的风格。

太华山东临滇池，北接华亭山、碧鸡山，峰峦起伏，溪水潺潺，林木苍翠，秀竹牵衣。太华寺依山傍水，掩映在绿树翠竹之中，巍然耸立，颇为壮观。古朴典雅的建筑与烟波浩渺的滇池、蜿蜒陡峭的太华峰交相辉映，构成一幅宁静和谐的迷人画卷。太华寺规模宏阔，布局严谨，四合五天井，走马戏角楼，展现了民族建筑传统的穿斗结构。寺内亭、阁、廊、池布局得体，清幽恬静（图5-16）。全寺以大雄宝殿为中心，两侧出游廊与两厢亭阁楼台相串联，建筑总面积3562平方米，别具特色。寺内万松环翠，鸟语花香，楼宇清秀，曲径通幽，令人耳目一新。

图5-15　昆明太华寺入口"佛谷云深"牌坊

图5-16　昆明太华寺之山水庭园

　　太华寺院坐西向东，主要建筑沿中轴线布局，依山势层层构筑。有石牌坊、天王殿、大雄宝殿、大悲阁（缥缈楼）、水榭长廊等。大雄宝殿居中，左有明镜轩，右有思召堂，东南有望海楼；左右游廊与亭、阁、楼、台相连，气势非凡。拾阶而上，首先映入眼帘的石坊中门横额镌刻"峻极云霄"，两侧为"凝岚""叠翠"。石坊柱上正联为"一幅湖山来眼底，万家忧乐注心头"。侧联为"滇海平波，鬟镜清漪真可鉴；西山雨霁，太华缥缈总凭登"。联额情景交融，表现了佛门弟子对社会世态的殷切关注。

　　太华寺素以花木繁茂著称，春季有红艳似火的茶花，亭亭玉立的白玉兰、紫玉兰、朱砂玉兰等，景观动人；冬季有腊塑般的梅花在庭院中争艳斗奇。轻风吹来，阵阵花香伴着寺院香火扑鼻而来，沁人心脾，仿佛置身仙境。寺门前一株银杏苍皮虬枝，粗为四五人合抱，向东微倾。银杏根部一侧，已渐干枯，但老而不衰，仍生机勃勃，浮空漾翠。相传此树为建文帝手植，已历600年风雨。上台阶，石坊迎客，额曰"峻极云霄"，两侧为"凝岚""叠翠"。由大殿侧曲折层叠而上，是著名的缥缈楼，殿宇雄伟，台墀宽大。楼前檐口悬"大悲宝阁"巨匾，是佛家弟子供奉观音的宝殿。大殿背山面水，雄踞高台丛林之上，群阁皆出其下，视野宽阔。寺内的天王宝殿、大雄宝殿雄姿英发；缥缈楼、一碧万顷阁则直接道出了凭楼观湖的绝妙意境。

太华寺最高处是著名的大悲阁，五开间，单檐歇山顶，占地面积582平方米。它始建于清代咸丰年间，后遭兵燹毁坏，光绪九年（1883）大修。大殿内有铜铸佛像三尊：法身毗卢遮那佛，报身卢舍那佛，立身释迦牟尼佛，皆为康熙年间遗物。后世又称之为"缥缈楼"，历代文人韵士多喜登临游赏赋诗。

太华寺内园林建筑颇多，亭廊台榭布局得体，营造工艺精美。如"映碧榭"中部凸出为亭台伸进碧池中，池周环以曲廊，山水楼廊相衬，美不胜收（图5-17）。大雄宝殿东面的"万顷楼"壁有康熙帝御书"世济其美"，碑铭"登楼远眺，东浦彩虹，西山苍翠。朝观日出，浪花红艳；夕视归帆，百舟似箭。千艘蚁聚于云津，万舶蜂屯于城根"。

图5-17 昆明太华寺之映碧榭景观

5.6　韶关南华寺

图5-18　南华寺山门

南华寺位于广东韶关市区南郊22公里的曹溪河畔。六祖慧能在此创立了禅宗，是佛教禅宗的祖庭。1983年，国务院定其为汉地佛教全国重点寺院。

南华寺（图5-18）始建于南北朝时期南朝梁天监元年（502）。据史载，是年印度高僧智乐三藏自广州北上，途经曹溪，"掬水饮之，香味异常，四顾群山，峰峦奇秀，宛如西天宝林山地"，遂建议在此建寺。天监三年，寺庙建成，梁武帝赐"宝林寺"名，后又先后更名为"中兴寺""法泉寺"。宋开宝三年（970），宋太宗赐名"南华禅寺"沿用至今。唐仪凤二年（677）禅宗六祖慧能住持曹溪，在此发展了禅宗南派，是最为著名的禅宗祖庭，有"岭南第一禅寺"之称。因慧能在此弘法，南华寺也称"六祖道场"。

禅宗是中国独创的佛教流派。印度佛教只有禅学，没有禅宗。相传达摩从印度来到北魏，提出一种新的禅定方法。达摩把他的禅法传给慧可，慧可又传给僧璨，然后传道信、传弘忍。弘忍之后分成南北二系；神秀在北方传法，建立北宗；慧能在南方传法，建立南宗。北宗不久渐趋衰落，而慧能的南宗经弟子神会等人的提倡，加上朝廷支持，取得了禅宗正统地位，成为中国佛教的主流，慧能也成为禅宗实际上的创始人。从达摩到慧能经历了六代，故传统旧说将达摩视为禅宗的"初祖"，按顺序将慧能称为"六祖"。

禅宗创立之后，影响不断扩大，形成了曹洞、云门、法眼、临济、沩仰五大宗派。9世纪，禅宗传入朝鲜；12—13世纪，禅宗又传入日本，并成为这些国家的佛教主流。此后，禅宗又自东亚传至东南亚及欧美各国。如今，每年都有大批国外的佛教徒前来南华寺朝拜祖庭。

南华寺面向曹溪，背靠象岭，峰峦秀丽，古木苍郁。庙宇依山而建，现有建筑面积12000平方米，殿堂布局在同一中轴线上，前后七进，结构严密，殿宇辉煌，绿树婆娑（图5-19）。一进山门，穿过小巧别致的"五香亭"和放生池（图5-20），可望见二门门楣上"宝林道场"四个大字匾额。门联题"东粤第一宝刹，南宗不二法门"。二门内建有壮观的天王殿，殿内供奉弥勒佛，两侧为四大天王塑像。天王殿背后为一处布置精巧的小花园。院内东西两边有钟楼、鼓楼。北面丹墀大雄宝殿，又名"三宝殿"，建于元大德十年（1306），大殿正中供奉释迦牟尼、药师、阿弥陀佛，各高8米。殿后有藏经阁（图5-21）、灵照塔、祖师殿。藏经阁中的佛经，多为历代皇帝所赐。

图5-19　南华寺大雄宝殿中庭

图5-20　南华寺放生池前庭

图5-21　南华寺藏经阁前庭

图5-22　南华寺后山"天下宝林"和"九龙泉"

　　南华寺藏有大量珍贵文物，如六祖真身像、唐代千佛袈裟及圣旨、北宋木雕五百罗汉等。相传，六祖慧能大师（638—713）本为樵夫，一日听人诵读《金刚般若经》而悟道，于是投到禅宗五祖弘忍门下，深得五祖器重。弘忍将衣钵传于他，后来被尊为禅宗六祖。慧能为禅宗南宗创始人，提倡顿悟法门，传承很广。六祖圆寂后，其肉身成胎，用中国特有的夹苧造像工艺塑成"六祖真身像"，身披袈裟，神态安详。

　　南华寺内有360尊北宋木雕罗汉像，神情逼真，栩栩如生，均用整块松、樟、楠木雕成，雕刻技术纯熟精湛，生动表现了罗汉各不相同的性格。有些木雕罗汉像上还有功德铭文，有很高的历史文献价值。寺中还有灵照塔、卓锡泉等胜迹。其中，卓锡泉也称"九龙泉"，泉水甘冽、沁人心脾（图5-22）。寺周古树繁茂，环境幽静，寺后有几株高达40米的百年水松，世上稀有。有诗赞曰："松叶参天茂，南华古寺深。慧能勤说法，罗汉有知音。"

5.7 潮州开元寺

图5-23 潮州开元寺留存的唐代石经幢

潮州开元寺位于广东潮州市区甘露坊，前身为"荔峰寺"，唐开元二十六年（738）敕建开元寺。当时，国中奉诏选十大州郡，各建大寺，均以"开元"名之。元代改称"开元万寿禅寺"，明代称"开元镇国禅寺"，加额"万寿宫"，俗称"开元寺"，一直沿用至今。潮州开元寺经历代修建，传承了宋、元、明、清的建筑风格和艺术特色（图5-23）。

潮州开元寺古朴雅致，肃穆壮观（图5-24）。从宋代至今有10次大规模修建。山门外照壁嵌有"梵天香界"石刻。寺内建筑有四进，分别为金刚殿、天王殿、大雄宝殿、藏经楼。中轴为照壁、山门、天王殿、大雄宝殿、藏经楼、玉佛楼；东侧为客堂、地藏阁、斋堂、僧舍、不俗精舍、祖堂；西侧为方丈室、观音阁、慧业堂、僧舍、诸天阁，形成庞大的四合院式建筑群。

大雄宝殿面阔5间，进深4间，坐落在高出地面的台基上，重檐歇山顶，殿脊以葫芦、雉尾为装饰（图5-25）。大殿和殿台四周的石栏板上，嵌有唐代石刻78块，分别雕刻"释迦牟尼出家""白马窣城""青山断发"等佛教故事，也刻有珍禽异兽、奇花异草，触目皆是。殿内神案前，有元泰定二年（1325）用陨石刻成的大香炉，净高15米，由大小6层叠成，上镌"天人献花"字样及走兽、蟋龙、变莲瓣、梅花鹿等图案，刀锋犀利，棱角分明，刻工精美。殿内还有建于明末的金漆木雕千佛塔，璀璨夺目。塔基6个柱头分别刻成6尊力士，基座6面浮雕唐僧取经故事，人物栩栩如生。基座的每个门洞均置18罗汉及24诸天尊塑像。

图5-24   潮州开元寺天王殿前庭花园

图5-25   潮州开元寺大雄宝殿

此外，还有南宋政和四年（1114）铸造的千斤铜钟、元代的铜声板等珍贵历史文物。寺内的藏经楼至今还保存着8大橱乾隆钦赐的雍正版《大藏经》7240卷，内有汉、番、梵对照本，还有木刻印刷的佛教故事、连环图卷，其数量之多，资料之全，为国内寺院所罕见。

图5-26 潮州开元寺观音阁内庭

潮州开元寺是全国重点文物保护单位，寺院内古木参天，浓荫蔽日，殿堂楼宇之间花木扶疏，盆景争艳，园林环境优雅清幽。自古以来该寺就以地方宽敞、殿阁壮观、圣像庄严、文物众多、香火鼎盛而闻名遐迩，是"粤东第一古刹"和岭东佛学院所在地，也是我国现存四大开元古寺之一，有"百万人家福地，三千世界丛林"之美誉（图5-26、图5-27）。

图5-27 潮州开元寺中庭

5.8　厦门南普陀寺

厦门南普陀寺位于五老峰下，建于唐代会昌、大中年间，初名"泗州寺"，五代时称"泗洲院"，宋代又易名为"普照"，为千年古刹。据考证，南普陀寺初建时门前是一片汪洋大海，景色十分优美。现存的放生池仍低于地面较深。

南普陀寺历史悠久，香火旺盛，山门建筑有大理石刻字"鹭岛名山""广厦岛连沧海阔，大心量比五峰高"。元至正元年（1341），南普陀寺一度荒废；明洪武元年（1368）重建，明末又毁于战火。清康熙二十三年（1684），寺院由靖海侯施琅将军重建。该寺因是观音菩萨的主要道场之一，又在佛教名山——浙江普陀山之南，故称"南普陀寺"。

南普陀寺占地约3万平方米，主体建筑天王殿、大雄宝殿、大悲殿和藏经阁依次布局在南北向中轴线上。还有左右厢房、钟楼、鼓楼、功德楼、海会楼、普照楼、太虚图书馆、佛学院教舍，所有建筑依傍山势、层层托高、庄严肃穆，很有"佛法无边"之威严。寺内大雄宝殿绿瓦石柱，雕梁画栋，集中体现了闽南古建筑的传统工艺（图5-28）。大悲殿建于石砌台

图5-28　南普陀寺中庭与大雄宝殿

基之上，为八角三层飞檐，全以
斗拱架叠建成，仰视藻井，别
致美观，为国内同类建筑所罕
见（图5-29）。寺院终年香火旺
盛，香客与游人络绎不绝。

　　寺内藏经阁（图5-30）收藏
大量佛教典籍和名人字画，如明
版《大藏经》、宋印影《碛砂藏
经》《佛说阿弥陀经》、血书
《妙法莲华经》、28尊缅甸玉
佛、唐代铜佛、明代铜塔、明观
音施甘露像等。寺后五峰林立谓
"五老凌霄"，绿树兀石间，有
碧泉、净业洞、太虚亭、兜率
陀院、须摩提国、阿兰若处等
古迹和大量摩崖石刻（图5-31、

图5-29　南普陀寺后山"佛国"摩崖石刻

图5-32）。其中清代振慧和尚改写的"佛"字，高一丈四尺（约4.67米），

图5-30　南普陀寺依山面海的藏经阁

图5-31　南普陀寺大悲殿前庭

图5-32　南普陀寺因山势构筑的路亭，富有闽南建筑特色

宽一丈（约3.33米），国内罕见。天王殿前有放生池、荷花池和凉亭。放生池建于清光绪年间，池内鱼翔浅底，供人观赏。1925年，南普陀寺创办了闽南佛学院，是国内最早的佛教学府，在东南亚地区有广泛影响。

5.9　崂山太清宫

崂山位于黄海之滨，主峰高1133米，山海相连，雄山险峡，水秀云奇，自古被称为"神仙窟宅""灵异之府"（图5-33）。崂山背负平川，面对大海，巨石巍峨，群峰峭拔，既雄旷泓浩，又不失绮丽俊秀，故《齐记》中有"泰山虽云高，不如东海崂"的记载，享有"海上名山第一"的美誉。

崂山是中国道教名山。秦始皇、汉武帝都曾登临寻仙，唐明皇也派人进山炼药，历代文人名士在此留下游踪。宋末元初，王重阳率全真七子来崂山传经授道，在崂山开创龙门派分支，使这里成为仅次于北京白云观

图5-33　风光秀美的青岛崂山

的"道教全真天下第二丛林"。崂山寺庙园林在鼎盛时期有九宫、八观、七十二庵，古树参天，香雾缭绕。

崂山道士更是闻名遐迩。山上奇石怪洞，清泉流瀑，峰回路转。唐代诗人李白曾写下"我昔东海上，劳山餐紫霞"的诗句赞颂崂山美景。

崂山太清宫是中国道教重点宫观，位于崂山东南部老君峰下，三面环山，一面临海，始建于北宋初年。道教以"玉清、上清、太清"为三清，"太清"乃太上清净之界，即"神仙"所在之地。据记载，汉代有江西瑞州府张廉夫弃官来崂山修道，筑茅庵一所，供奉三官大帝，名"三官庙"。唐天祐元年（904），道士李哲玄进山修建殿宇，供奉三皇神像，名"三皇庵"，后称"太清宫"（图5-34）。金章宗明昌年间，全真道士丘处机、刘长生等曾在此弘阐全真道，刘长生创全真随山派，信众甚多，太清宫便成为道教全真随山派之祖庭。太清宫内现存有元代皇帝赐封龙门派祖师长春子丘处机为国师的诏书。

图5-34 崂山太清宫三官殿庭院，石栏杆内种植山茶花

图5-35 崂山太清宫神水泉

太清宫建筑群由"三官殿""三皇殿""三清殿"组成，占地约3万平方米，建筑面积2500平方米，有殿宇房屋155间，风格清淡简朴。主体建筑为三座大殿、四座陪殿及长老院，东有八仙墩、晒钱石、钓鱼台等奇观和"太清水月""海峤仙墩"胜景。三清殿祀玉清、上清、太清天尊，三皇殿祀伏羲、神农、轩辕，三官殿祀天、地、水三官，四陪殿为东华殿（祀东华帝君）、西王母殿（祀西王母）、救苦殿（祀吕祖）、关帝祠。三官殿院内，有古耐冬树（山茶），隆冬开花，花期半年，传为明初著名道士张三丰手植。张三丰曾在太清宫修炼，崂山左侧靠海处有"三丰石堵"，塔底有洞名"仙窟"，即张三丰隐修处。全真派的道士注重养生，在气功方面有独到之处。太清宫内，奇花异草，四时不绝，水木清华，环境清幽。汉柏、唐榆、宋银杏历经千年风霜，今犹华茂葱郁，还有一口"神水泉"非常有名（图5-35）。

崂山太清宫从初创至今已有2000多年，各个朝代都有修葺，现存的建筑及庭院为典型的宋代风格，在国内宗教建筑中极为少有（图5-36）。月明之夜，立步月廊上，看天光涛影，月出海上，一片澄明，恍若神仙世界。崂山12景的"太清水月"即指此地。三官殿前有株山茶高8.5米，干围1.78米，树龄约700年，举世罕见。寒冬季节，满树绿叶滴翠，红花娇艳，犹如落下一层绛雪。宫中原有白牡丹，高及屋檐。清代文学家蒲松龄曾寓居于此，宫内奇形怪状的古树和历史氛围触动了他的灵感，写下《香玉》《绛雪》《崂山道士》等聊斋名篇，有写书亭等遗迹留存。

图5-36 崂山太清宫古木参天的庭院

5.10 曲阜孔庙

山东曲阜是春秋时期鲁国都城，也是儒家创始人孔子的故乡。历史上孔子被奉为"至圣先师"，举国崇拜。孔庙和孔林是历代国人纪念孔子、推崇儒学的圣地，文化积淀丰厚、历史悠久、规模宏大，文物和科学艺术价值极高。

孔庙位于曲阜城中央，建筑规模宏大、雄伟壮丽、金碧辉煌，是我国最大的祭孔圣地。据史载，在孔子辞世的第二年（前478）鲁哀公将孔子旧居改建为祭祀孔子的庙宇。此后，历代帝王不断加封孔子，扩建庙宇。到了清代，雍正皇帝下令大修，建成现在规模（图5-37）。孔庙共有九进院落，占地面积14万平方米，以南北为中轴，分左、中、右三路，纵长630米，横宽140米，有殿、堂、坛、阁460多间，门坊54座，御碑亭13座。

孔庙中轴线上的主体建筑有奎文阁、十三碑亭、杏坛和大成殿。奎文阁为藏书阁，其名取自28星宿之一的奎星，主文章兴衰。奎文阁内藏历代帝王对孔子的赐书墨迹，阁廊下东侧立李东阳撰书《奎文阁赋》碑，西侧立《奎文阁重置书籍记》碑。十三碑亭位于大成门前东西两侧院内，亭中矗立唐、宋、元、明、清各个朝代的御碑53方，表现了孔子的崇高地位。

　　大成殿为孔庙主殿，唐代称"文宣王殿"。"大成"殿名因宋徽宗赵佶尊孔子为"集古圣先贤之大成"并御书匾额而来。大成殿屋宇宏大，装饰华丽，为全国孔庙之冠（图5-38）。殿前檐十根雕龙石柱，龙姿飞扬，在宫殿建筑中前所未有。殿内正中奉祀孔子塑像，殿前东西廊原供孔门弟子及儒家历代先贤，现陈列着历代碑刻。寝殿后的圣迹殿，藏有明代石刻连环画120幅，记述了孔子一生的业绩。孔子故宅井后的鲁壁，为秦始皇焚书坑儒时孔子第九代孙孔鲋收藏《尚书》《礼记》《论语》《孝经》等书籍的夹墙。孔庙内还收藏了大量石刻碑雕，尤以汉碑为珍品，有"中国第二碑林"之美称。杏坛位于大成殿前甬道正中，传为孔子讲学之处（图5-39）。杏坛周围朱栏，四面歇山，十字结脊，二层黄瓦飞檐，双重半拱。坛旁有一株古桧柏，称"先师手植桧"。

图5-37　曲阜孔庙入口之棂星门

图5-38　曲阜孔庙之主殿——大成殿

图5-39　曲阜孔庙之杏坛

孔府为孔子世袭"衍圣公"的嫡裔子孙居住地，是我国仅次于明、清皇宫的最大府第。它占地约16.4公顷，有厅、堂、楼、轩等各式建筑463间，分为中、东、西三路。东路为家庙，西路为学院，中路为主体建筑。中路以内宅为界，前为官衙，设三堂六厅；后为内宅。大堂是衍圣公的公堂，内有八宝暖阁、虎皮大圈椅、红漆公案。公案上有公府大印、令旗令箭、惊堂木、文房四宝等。孔府后花园又称"铁山园"，清幽典雅，布局别具匠心，是古典园林建筑的佳作和园宅结合的典范，为历代衍圣公及家属游赏之所。

孔林又称"至圣林"，是孔子及其后裔的墓园，占地达200公顷。园内古木森森，碑碣林立，石仪成队。其中，孔子、孔鲤、孔极三代墓地四周绕以红墙。孔林是世界上延续年代最久远、保存最完整、规模最大的家族墓地，也是全球2000多座孔庙的始祖。园中有楷亭、驻骅亭，是皇帝来祭孔时的休息地。1994年，曲阜孔庙、孔府和孔林一并被联合国教科文组织列入了世界文化遗产名录（图5-40）。

图5-40 曲阜孔林之至圣庙牌坊

第6章
中国风景名胜之精品赏析

6.1 风景名胜概观

　　风景名胜是中国古典园林里的一种特殊类型，一般指具有观赏、文化或者科学价值，自然景观、人文景观比较集中，环境优美，可供人们游览、休息或进行科学、文化活动的地方。风景名胜常位于城郊的山水形胜、风光秀丽之地，面积较为广阔，多有寺庙或名胜古迹，同时有一定的园林景致，是市井百姓方便可达的公共性自然游憩地。

　　在古代，风景名胜地是城镇居民亲近自然、愉悦身心的主要游憩地（图6-1）。一些传统民俗，如"三月三踏青""九月九登高""端午龙舟竞渡""中秋赏月夜游"等活动，大都是在当时的城郊风景名胜地进行的，如唐代长安城东南隅的曲江池、清代北京

图6-1　[宋]　马远《对月图》表现了古人纵情山水的生活

图6-2　泉州清源山风景名胜区老君岩道教始祖老子造像

的西山、什刹海等。发展至今，许多原先位于城郊的风景名胜地已演变为城市公园（图6-2）。

风景名胜是自然美与人文美的结晶，自然风景因蕴含和表达文化内涵而更显得博大传神。在中国，著名的风景名胜大多都与重要历史人物或文化遗产紧密关联，相映生辉。风景名胜区的物质内容包括具有观赏、文化或科学价值的山河、湖海、地貌、森林、动植物、化石、特殊地质、天文气象等自然景物和文物古迹、革命纪念地、历史遗址、园林、建筑、工程设施等人文景物及其所处的环境和风土人情等，具有自然遗产和文化遗产的双重价值。

风景名胜区是构成良好国土生态环境和城乡生活环境的重要组成部分和人民开展休息、游览活动的自然保护胜地。国家按其风景的观赏、文化、科学价值和环境质量、规模大小、游览条件等划分为3级：市（县）级，省级和国家级。具有重要的观赏、文化或科学价值，景观独特，国内外著名，规模较大的国家级风景名胜区由国务院审定公布。自1982年起至2017年，国务院共公布了9批、244处国家级风景名胜区。其中，第一批至第六批原称国家重点风景名胜区，2007年起改称国家级风景名胜区。2006年9月，国务院颁布了《风景名胜区条例》，为规范全国风景名胜地的保护、建设与管理工作提供了法律依据。

6.2　杭州西湖

中国古代城市以西湖命名的湖泊有36个之多，其中以杭州西湖最为著

图6-3 妩媚多姿的杭州西湖

名，是个历史悠久、世界著名的风景名胜地（图6-3）。

西湖山水秀丽，园林多姿，古迹遍布，景色宜人。唐代诗人白居易曾题诗曰："湖上春来似画图，乱峰围绕水平铺。松排山面千重翠，月点波心一颗珠。碧毯线头抽早稻，青罗裙带展新蒲。未能抛得杭州去，一半勾留是此湖。"北宋文豪苏东坡也盛赞西湖风景，有"水光潋滟晴方好，山色空蒙雨亦奇。欲把西湖比西子，淡妆浓抹总相宜。"之咏，把西湖比作春秋战国时期倾国倾城的美女西施。因此，杭州西湖又称为"西子湖"。从唐宋至明清，西湖周围的风景园林建设一直不断。明代大画家徐渭曾题联杭州城隍庙曰："八百里湖山知是何年图画，十万家烟火尽归此处楼台"。

杭州西湖三面环山，一面靠城，水面约566公顷。白堤和苏堤将湖面划分成为里湖、外湖、岳湖、西里湖、小南湖五块。湖面宽广辽阔，碧波如镜，湖北有孤山耸峙，湖中有小瀛洲、湖心亭、阮公墩三岛鼎立。湖边桃红柳绿，亭台参差，近水远山交相辉映，朝夕晴雨景象万千，构成了极

图6-4 杭州西湖之"曲院风荷"

其优美的自然风景，吸引了无数古今文人墨客、英雄豪杰为之倾倒和讴歌（图6-4）。

经过历代开发，西湖风景名胜区现存大量文物古迹，有寺庙、佛塔、碑刻、石窟、园林建筑等，形成了许多著名的风景点，如灵隐寺、飞来峰造像、西泠印社、雷峰塔、岳王祠、烟霞洞等。南宋画家马远所绘西湖山水画卷中，出现了"西湖十景"的题名，历代相传、沿用至今。即：苏堤春晓、平湖秋月、花港观鱼、柳浪闻莺、双峰插云、三潭印月、雷峰夕照、南屏晚钟、曲院风荷、断桥残雪。清代康熙、乾隆皇帝都曾为西湖十景题字立碑。自元代起，湖区周围又有"钱塘十景"，即：六桥烟柳、九里云松、灵石樵歌、孤山霁雪、北关夜市、葛岭朝暾、浙江秋涛、冷泉猿啸、两峰白云、西湖夜月，并称为"西湖双十景"。1949年新中国成立后，杭州西湖得到全面整治和建设，在发扬古代文化传统的基础上又增添了许多新景点。其中较著名的有：云栖竹径、九溪烟树、宝石流霞、阮墩环碧、虎跑梦泉、龙井问茶、玉皇飞云、黄龙吐翠、满陇桂雨、吴山天风，被誉为"新西湖十景"。

图6-5　杭州西湖之花港观鱼牡丹亭

　　杭州西湖大致分为4大景区：湖滨区有柳浪闻莺、平湖秋月、花港观鱼（图6-5）等景点；湖中区有苏堤春晓、三潭印月、曲院风荷等景点；湖山区有保俶塔、黄龙洞、龙井、虎跑、烟霞洞、双峰插云等景点；钱塘区有六和塔、九溪十八涧、云栖、梅家坞等景点，各具特色。环湖山峦叠翠，花木繁茂，峰岩洞壑之间穿插着池泉溪涧，青碧黛绿丛中点缀着楼阁亭榭，湖光山色，秀丽如画。

　　杭州西湖风景园林的艺术特色在于：以人文之美入天然，于清新质朴中见诗意，是我国古代风景名胜开发建设的光辉典范。西湖山媚水秀，柳暗花明，柔风软雨，燕舞莺啼，是江南典型的温柔富贵之乡，花柳繁华之地。西湖风景，处处诗情，面面画意，体现了中国水墨画气韵生动的意境，凝聚着江南民间造园艺术的神韵（图6-6）。如湖中的"小瀛洲"景区，它是明万历年间疏浚西湖时取湖泥筑成的湖心岛，面积约7公顷。岛边环筑堤埂，总平面呈田字形，取神话传说中的海上仙山"瀛洲"而题名。洲上建有九曲桥和"开网亭""迎翠轩""闲放台""我心相印亭"等亭

图6-6　杭州西湖之雨中西溪民居风光

图6-7　杭州西湖之西泠印社野趣盎然的入口蹬道

榭楼台，点缀于万顷碧波之间。漫步堤岛，但见湖中有岛，岛中有湖，四面云山，满湖画舫；石桥曲折，花木扶疏，亭榭掩映，步移景异；是西湖的一大胜景。尤为奇妙的是在"我心相印"亭前湖水中巧置三座石塔，塔身中空，呈球形，球面有五个圆孔。每当皓月当空，塔里点上蜡烛，洞口蒙上薄纸，烛光透过圆洞倒映水面，宛如一个个小月亮，与倒映入水的明月相映生辉。倘逢晴爽秋夜，清风徐徐，微波轻皱，月色更为幽美迷人。因相传湖中有三个深潭，故得"三潭印月"之美妙景名。

西湖天下景，一半在人文。除了如诗如画的风景之外，历史上一些著名人物（如唐代诗人白居易、宋代词圣苏东坡、民族英雄岳飞、清末爱国志士秋瑾、金石篆刻家吴昌硕等）在杭州的活动，也给西湖风景名胜增添了特殊的魅力（图6-7）。而流传于西湖周围的动人传说，如白蛇传、梁山伯与祝英台等，更为美丽的湖山染上了一层浪漫主义的文学色彩，使之成为文景交辉的胜地。所以，杭州西湖的风景名胜，是综合多种自然美与人文美因素的结晶（图6-8）。

图6-8　杭州西湖
沿岸的私家园林

6.3　惠州西湖

惠州西湖在历史上曾与杭州西湖、颍州西湖齐名，现为国家重点风景名胜区。宋代诗人杨万里曾有诗云："三处西湖一色秋，钱塘颍水更罗浮"，即指这三大西湖。历史上有"海内奇观，称西湖者三，惠州其一也"和"大中国西湖三十六，唯惠州足并杭州"的记载。此外，这三个州府西湖之所以著名，还有一个重要原因，即它们都是宋代大文学家苏东坡生活过的地方。

惠州西湖是融自然景观和人文景观于一体的城市型湖泊类风景名胜地，它北依东江，西面和南面群山环抱，景区面积320公顷，其中水面146公顷，湖水深度1.5~3米，古时已有五湖、六桥、八景之胜。其中，较著名的景致有玉塔微澜、苏堤玩月、南苑绿絮、芳华秋艳等。西湖各有妙，此以曲折胜（图6-9）。苏东坡称之"山水秀邃"，后代更有余靖"重岗复岭、隐映岩谷、长溪带蟠、湖光相照"之说和陈恭尹"峰峰水上开芙蓉""远近纤浓似画图"的赞誉。历代文人墨客为惠州西湖留下了宝贵的文化遗产。

惠州西湖景观自然，布局甚佳，以质朴、深邃、含蓄取胜。宋代《惠州府志》已有"五湖六桥八景"的纪实。"五湖"即指菱湖、鳄湖、平

图6-9　惠州西湖九曲桥和平湖景观

湖、丰湖、南湖；"六桥"是烟霞桥、拱北桥、西新桥、明圣桥、园通桥、迎仙桥；"八景"是水帘飞瀑、半径樵归、野寺岚烟、荔浦风清、桃园日暖、鹤峰返照、雁塔斜晖、丰湖渔唱。从平面上看，五湖相连，呈"S"形分布，湖与湖之间以堤桥分隔、连接，美景纷陈。孤山、丰山、紫薇山、飞鹅岭、点翠洲、百花洲等重岗复岭、小岛洲渚错落穿插，各显异趣；堤桥、亭榭、寺院、泉园点缀其间，致使西湖水面曲折幽深，步移景换。至清代，《西湖纪胜》又增六景，共14景。1947年张友仁先生编著的《惠州西湖志》，更列举出18景之多。这些景点大都青山秀邃，浮洲幽胜，古色古香的亭台楼阁隐现于葱茏花木之中，品题精趣、情景交融，景致妙在天成。环湖名胜还有泗洲塔、朝云墓、六如亭、东坡纪念馆、准提阁等，与自然山水相映成趣。

经历坎坷的北宋大学士苏东坡一生与西湖结下了不解之缘，被尊为"西湖长"。所谓"东坡到处有西湖"（图6-10），中国几大著名西湖风景他都有参与经营策划，如杭州西湖、黄州西湖、颍州西湖、惠州西湖和雷州西湖。所以，苏东坡诗作真正道出了天下西湖共有的神韵："水光潋滟晴方好，山色空蒙雨亦奇。欲把西湖比西子，淡妆浓抹总相宜。"苏东坡的"西湖西子"之说倍受后人推崇，清代雍正初年，惠州知府吴骞曾作《诗西湖》："西湖西子比相当，浓抹杭州惠淡妆。惠是苎萝村里质，杭教歌舞媚君王。"一个浓艳，一个淡妆，各具特色，各有千秋（图6-11）。西湖因东坡居士的胜迹倍添风采。此外，享誉"吴中四才子"之一的明代举人祝枝山也曾卜居惠州西湖，留下若干诗篇。

惠州西湖幽深曲折，淡雅秀邃，水明如练，山曲若环；春风逸荡，夏景流芳，秋艳洲

图6-10　惠州西湖里的东坡居士塑像

图6-11　惠州西湖之名景：玉塔微澜

图6-12 惠州西湖点翠洲桥秀美景观

渚，冬林染翠，四时之景各有其妙。日出听天籁齐鸣，日暮观雁塔斜晖；丽日晴和观万象开朗，雾雨迷蒙赏冷烟湿翠；风飒飒而飘襟，露零零而浸肤。人游于湖上，月圆于水天；步移景异，景象万千（图6-12）。

6.4 江苏太湖

太湖位于江苏省南部，跨苏州、无锡两市，是我国第三大湖。湖中岛屿叠翠，沿岸青山连绵。以太湖及沿湖山脉为主的太湖风景区共有70多个著名景点，规划总面积约31万公顷，以湖光山色、吴越史迹而闻名。

太湖南部的洞庭西山面积约6250公顷，是太湖里最大、最美的岛屿。太湖72峰，西山占了41座。主峰缥缈峰海拔336米，山中除少量寺庙和避暑建筑外，以自然美取胜，秋月、梅雪之类的景物最具特色，山上的怪石嶙峋，洞穴颇多，玲珑剔透的太湖石，将全岛点缀得颇为别致。太湖东面的洞庭东山，其主峰的大尖顶是72峰之一，山中主要古迹有紫金庵的宋代泥塑像、元代轩辕宫、明代砖刻门楼以及近代的雕花大楼等。

太湖风景名胜区山水结合，层次丰富，自成天然画卷。太湖东、北、西沿岸和湖中诸岛为吴越文化发源地（图6-13），遗存大批文物古迹，如春秋时期阖闾城和越城遗址、隋代大运河、唐代宝带桥、宋代紫金庵、元代天池石屋、明代扬湾一条街及大量名寺古刹、古典园林等。还有吴王夫差、越王勾践、孙子、范蠡、西施、项羽、范仲淹等历史人物的传说和遗迹。

太湖之滨的无锡城西，有被乾隆皇帝誉为"江南第一山"的惠山，古称历山、华山、西神山。因其山形犹如九龙腾跃，又名"九龙山"。坐落于惠山之麓、始建于明代的"寄畅园"，苍翠寥廓，古朴清旷，以高超的造园

图6-13　太湖岸边的清代摩崖石刻"包孕吴越"

艺术而成为江南古典园林的典范。不但文人雅士喜欢，还是康熙、乾隆皇帝六次下江南巡游至无锡的必到之地。乾隆似乎特别喜欢寄畅园，下令画师照本描绘，回京后在清漪园（今颐和园）仿造，取名"惠山园"（今谐趣园）。

太湖名胜古迹的精华主要集中在北岸，最著名的有鼋头渚和蠡湖。鼋头渚很像一个大鼋的头突出在太湖万顷碧波中（图6-14、图6-15）。蠡湖又名"五里湖"，湖北岸有蠡园，相传春秋时越国大夫范蠡偕美人西施泛舟

图6-14　太湖鼋头渚景区

图6-15 从鼋头渚看太湖渔帆

于此游赏，湖因人得名，园因湖得趣。蠡园临湖而筑，湖光山色，景色迷人，是江南最负盛名的园林之一。

鼋头渚的美丽景致，自古为世人所向往。萧梁时，此地建有"广福庵"，为唐代诗人杜牧所言"南朝四百八十寺，多少楼台烟雨中"之一。明初，"太湖春涨"被列为"无锡八景"之一。明末，东林党领袖高攀龙常来此踏浪吟哦，留有"鼋头渚边濯足"遗迹。此地文人雅士咏唱之作颇多，清末无锡知县廖伦在临湖峭壁上题书"包孕吴越"与"横云"两处摩崖石刻，既赞美了太湖的雄伟气势，也蕴涵了对历史的中肯评价。

太湖风光，融淡雅清秀与雄奇壮阔于一体，碧水辽阔，烟波浩渺，峰峦隐现，气象万千（图6-16）。鼋头渚，独占太湖风景最美一角，山清水

图6-16 无锡鼋头渚太湖廊桥

秀，天然胜景。诗人郭沫若曾吟道："太湖佳绝处，毕竟在鼋头"。赵朴初居士也称赞："鼋头渚景色胜天堂"。大师们的瑰丽诗名，更使太湖风韵名扬海内外。

6.5　肇庆星湖

肇庆星湖是1982年国务院公布的首批国家重点风景名胜区之一，包括七星岩和鼎湖山两大景区，各具特色。

七星岩景区由散布在广阔湖区的七岩、八洞、五湖、六岗组成，以山奇水秀、湖水相映、洞穴幽奇见胜（图6-17）。阆风岩与玉屏岩东西相对，登上玉屏岩可环视星湖全景。湖区内有七座挺拔秀丽的石灰岩山峰亭亭玉立，如北斗七星布列水中，故得名。长约20千米湖区长堤把460公顷的湖面划分成五片，使星湖享有"桂林之山、杭州之水"的美誉。星湖中的七星岩"悬崖疑鬼凿，瑰丽出天工"。岩虽壁立，却山花绚丽，古树丛

图6-17　肇庆星湖七星岩景区

图6-18 肇庆星湖奇特的七星岩峰与五龙亭

生，峰奇石怪，香烟缭绕（图6-18）。登岩远眺，让人有指点江山之感慨。

七星岩崖壁上留存许多名人题刻，如石室岩有唐代以来的摩崖石刻270余题（图6-19）。岩洞内钟乳瑰丽，可乘船入游。岩顶名"嵩台"，相传是天帝宴请百神之所。岩下有一特大石室洞，洞口仅2米多高，洞顶高却超过30米，有石乳、石柱、石幔遍布其间。泛舟洞中的地下河，可浏览璇玑台、黑岩、鹿洞、光岩等景致。洞内摩崖石刻林立，共计270多处，上自唐宋，下至明清，多数出自名家之手，素有"千年

图6-19 肇庆星湖七星洞天摩崖石刻

诗廊"之称。石室洞右侧有建于明代的"水月宫",与七星岩前的五龙亭、飞龙桥遥相辉映。湖区北部的阿坡岩东麓有"双源洞",长约270米,内有两源合一的地下河,曲折幽深,瑰丽奇特。

星湖以东的鼎湖山,由鼎湖、三宝、青狮、伏虎等10多座山峦组成,为岭南四大名山之一。山间古木参天,以丛林古刹、飞瀑流泉著称。山中有唐代佛教禅宗六祖慧能的弟子智常创建的白云寺和明代庆云寺。寺院周围有数百公顷原生态的南亚热带常绿季雨林,独具岭南特色,现为联合国人与生物圈计划定点观测的自然保护区。

图6-20 鼎湖山茂密的南亚热带雨林植被

鼎湖山层峦叠翠,鸟语花香。最高处鸡笼山顶海拔1000.3米,从山麓到山顶依次分布着沟谷雨林、常绿阔叶林、亚热带季风常绿阔叶林等森林类型。中外学者称之为华南生物种类"基因库""活的自然博物馆"和"北回归线上的绿宝石"。1956年,鼎湖山成为我国首个自然保护区(图6-20)。1998年12月,经中南林学院专家测定,鼎湖山空气中负离子含量最高达到每立方厘米10.56万个,位居全国第一。

鼎湖山以南亚热带森林景观与溪流飞瀑、深山古寺见长。西南坡的西龙泉坑有水帘洞天、白鹅潭、葫芦潭等八处瀑布。自唐代以来,鼎湖山就是著名佛教圣地,山南麓有庆云寺,西南隅有白云寺,山腰建有日僧荣睿大师纪念碑等。鼎湖山现有云溪、天湖和天溪三大景点。"云溪"以白云

图6-21　肇庆星湖七星岩溶洞内景

寺、水帘洞天、古树名木为特色，"天湖"以天鹅潭、天湖以及奔涌的山溪为特色，"天溪"则以宝鼎园、庆云寺、飞水潭、品氧谷、荣睿碑亭为特色。整个鼎湖山奇峰秀洞（图6-21），林壑幽深，泉涌瀑落，自然交响，风光甚为迷人！

6.6　扬州瘦西湖

瘦西湖位于江苏扬州市区西北部，湖面瘦长，窈窕曲折，迤逦伸展，仿佛神女的腰带，媚态动人。湖区串以长堤春柳、四桥烟雨、徐园、小金山、吹台、五亭桥、白塔、二十四桥、玲珑花界、熙春台、望春楼、湖滨长廊、石壁流淙、静香书屋等两岸景点，俨然一幅天然秀美的国画长卷（图6-22）。

天下西湖，三十有六，惟扬州的西湖以其清秀婉丽的风姿独秀，占得一个恰如其分的"瘦"字。清代钱塘诗人汪沆曾将扬州西湖与杭州西湖对比，写诗赞曰："垂杨不断接残芜，雁齿虹桥俨画图。也是销金一锅子，故应唤作瘦西湖。"从此瘦西湖名扬中外。清代康熙、乾隆两代皇帝多次南巡，驻跸扬州，引发当地豪绅争相建园，形成了"两堤花柳全依水，一路楼台直到山"的盛况，遂得扬州"园林之盛，甲于天下"之说。

瘦西湖全长4.3千米，瘦西湖风景区游览面积约250公顷，有长堤、徐园、小金山、吹台、月观、五亭桥、凫庄、白塔等名胜。湖区利用桥、岛、堤、岸划分，使狭长湖面形成层次分明、曲折多变的山水园林景观。长堤在湖西岸，绵延数百米。堤边间隔种植杨柳桃花，形成扬州24景之一的"长堤春柳"名景（图6-23），为百姓郊游赏春之佳境。沿长堤走到尽头，便见一圆洞门，上书"徐园"二字。门内一池清水，遍植荷花，池周

图6-22　扬州瘦西湖之二十四桥景区

图6-23　瘦西湖狭长幽深的湖面和长堤春柳景观

点缀各种形态的山石，几株翠柳迎风飘舞，景色宜人。园内正厅听鹂馆构造精致，陈设古雅。正面为红木护墙板壁，屏风式样，每屏有清代山水瓷画5块，外覆盖玻璃，工艺精美。

瘦西湖之美，贵在蜿蜒曲折，古朴多姿，湖面时宽时窄，两岸林木扶疏，园林建筑古朴多姿。行船其间，景色不断变换，引人入胜。清代中期，扬州豪绅为了打通瘦西湖至大明寺的水上通道，在瘦

图6-24　瘦西湖吹台（钓鱼台）

西湖之西北开挖了莲花埂新河，用挖河的土堆成了一座小山，取名"长春岭"，后改称"小金山"。小金山四周环水，水随山转，山因水活。山顶有"风亭"一座，据全园最高点。小金山西麓有堤通入湖中，堤端建有方亭，名"吹台"。相传乾隆皇帝在这里钓过鱼，因而又叫"钓鱼台"（图6-24）。吹台三面临水，各有圆门一孔。从钓鱼台前右侧看去，正中圆洞恰好收入"五亭桥"一景，左面圆洞正好收入"白塔"一景，俨然两幅画面；借景手法之巧，堪令世人称绝（图6-25）。

瘦西湖融中国古典园林的南秀北雄风格于一体，组合巧妙，互为因借，构成"湖中有景""景中有园"的艺术空间（图6-26），历史上曾有24景著称于世。窈窕曲折的一湖碧水，串以卷石洞天、西园曲水、虹桥揽胜、长堤春柳、荷浦熏风、四桥烟雨、梅岭春深、水云胜概、白塔晴云、春台明月、三过留踪、蜀冈晚照、万松叠翠、花屿双泉等风景名胜，犹如

颗颗明珠镶嵌在玉带上，形成一幅秀色天然的山水画卷。其中，小金山、五亭桥和二十四桥景区，又成为这画卷中的神来之笔。有不少历史名人（李白、刘禹锡、白居易、杜牧、欧阳修、苏轼、王渔洋、蒲松龄、孔尚任、吴敬梓、郁达夫、朱自清等），都在瘦西湖留下胜迹和脍炙人口的诗

图6-25　从吹台门洞外望，瘦西湖恍如镜中水月般美丽

篇。诸如"烟花三月下扬州""园林多是宅，车马少于船""二十四桥明月夜，玉人何处教吹箫""珠帘十里卷春风""绿杨城郭是扬州"等名言佳句，流传千古，为瘦西湖增添了一笔重彩。

图6-26　扬州瘦西湖之水云胜慨

6.7 桂林漓江

桂林漓江为典型的喀斯特岩溶峰林地貌，两岸石峰突起，此起彼伏，自古是山水名胜之地，是1982年国务院首批公布的国家重点风景名胜区之一。漓江及其支流环回于石山峰林之间，"江作青罗带，山如碧玉簪"；或孤峰亭亭，秀丽多姿；或峰丛连座，森列无际；山环水抱，风光绮丽，享有"桂林山水甲天下"之美誉（图6-27）。

漓江北起兴安灵渠，南至阳朔，沿途自然与人文风光无限。从桂林乘舟顺漓江而下至阳朔有83千米的水路。沿途峰峦耸秀，碧水如镜，青山浮水，倒景翩翩，两岸景色犹如百里锦绣画廊（图6-28）。沿江主要景点有象鼻山、穿山、斗鸡山、净瓶山、磨盘山、冠岩、仙人推磨、九马画山、黄布倒影、螺蛳山、碧莲峰、书童山等。其中，九马画山是漓江中的名山，峭壁临江而立，由于长年风雨剥蚀，岩石轮廓明显地呈现许多层次，这些轮廓线条层次的明暗及色彩的变化，仿佛壁上有许多骏马，故称"九马画山"。

桂林山水素以"山青、水秀、洞奇"闻名中外，千百年来不知陶醉了多少文人墨客，其中，又以"一江"（漓江）、"两洞"（芦笛岩、七星岩）、"三山"（独秀峰、伏波山、叠彩山）最有代表性，体现了桂林山水景观的精华。

漓江的景色无比秀美，座座山峰倒影江中，别有情趣。不仅看去清晰动人，山的姿态也仿佛在不断流动（图6-29）。漓江景色之奇，还在于山光水色的无穷变化，晨昏晴雨，各有风姿。尤其是在春雨迷蒙的季节，轻纱般的雨丝如烟飘浮，使之更具无尽的朦胧之美。漓江旁的兴坪古镇，青山逶迤，碧水湾湾，景色如画。镇前有深潭，清澈不见底。镇后山上有古榕干粗数围，枝丫婆娑，浓荫如盖。阳朔素有"风光甲桂林"之称。阳朔的碧莲峰东临漓江，山腰有风景道，迎江阁，鉴山楼等景点。其中，鉴山楼附近的"带"字石刻特别吸引人，内含"一带山河，少年努力"等笔意。不远处还有大榕树、月亮山等景点。

独秀峰在桂林市区王城内，平地拔起，孤峰独秀，人称"南天一柱"。从西麓拾级而上，登306级石阶可达峰顶。登顶俯瞰，桂林的奇山秀

图6-27 桂林漓江下游的阳朔风光

水一览无余。纵目眺望，俊美的点点孤峰四立，云山重叠，漓江、桃花江、小东江、灵剑溪、南溪、榕湖、杉湖等水景与之相互映衬，仿佛一幅绝妙的泼墨山水画（图6-30）。

图6-28 秀美婉约的漓江山水画卷

图6-29 漓江山水如诗如画

图6-30 桂林市区"两江四湖"公园景区，原为宋代的环城水系

伏波山在桂林市东北伏波门外，东枕漓江，孤峰挺秀，风景迷人，有"伏波胜景"之称。山腰处有观景台，台上建癸水亭，到达山巅就可东瞻七星岩，南眺象鼻山（图6-31），西望独秀峰，北看叠彩山。从山巅转下就到还珠洞，春夏水涨时，游洞要坐船；秋冬干涸时，可沿洞道信步而行。至岩洞大厅，内有试剑石、千佛岩、许多书画题刻及宋代著名书画家米芾的自画像。

叠彩山在桂林市北部，面临漓江，远望如匹匹彩缎相叠，故得名。山上建有于越阁、

叠彩楼、仰止堂、一
拳堂、叠彩亭、望江亭
等，山南麓有登山古
道，林水茂盛，一派葱
翠。叠彩山是市内风景
荟萃之地，包括于越
山、四望山、明月峰和
仙鹤峰，人称"江山会
景处"。

图6-31　桂林漓江边的象鼻山

　　七星岩以溶洞著名，洞府分上、中、下三层，中层供人游览，游程长
达800米，犹如一条地下画廊。洞景神奇瑰丽，琳琅满目，状物拟人，惟
妙惟肖。有大象卷鼻、狮子戏球、仙人撒网、银河鹊桥等。洞中有洞，连
环套叠，变化莫测，色彩缤纷。芦笛岩位于市区西北光明山上，因洞口长
有芦荻草可做牧笛而得名。洞内钟乳石色彩鲜艳美丽，红如珊瑚、绿如翡
翠、黄如琥珀、白如羊脂，五彩缤纷，宛若仙宫。石笋、石柱、石幔、石
花玲珑多姿，忽而石柱擎天，忽而万笋垂空；有狮岭朝霞、青松翠柏、盘
龙宝塔、帘外云山等景点，美不胜收。

6.8　安徽黄山

　　黄山古名"黟山"，总占地面积约12万公顷，自古为道教名山。相传
轩辕黄帝曾在此修真炼丹，得道升天。唐天宝六年（747），唐玄宗诏令改
名为"黄山"。黄山与黄河、长江、长城齐名，是1982年国务院公布的首
批国家重点风景名胜区之一。

　　黄山以雄奇幻险著称，巍峨挺拔，雄奇瑰丽，集天下奇景于一山，是中
国最著名的山岳风景区之一。山间玲珑巧石，万千姿态，四季景色各异，仿
佛天开图画，人间仙境。山中重峦叠嶂、争奇献秀，有千米以上高峰77座；
36大峰巍峨峻峭；36小峰峥嵘秀丽。"莲花峰""天都峰""光明顶"三大
主峰平均海拔1800米以上，鼎足而立，高耸云天。明代大旅行家徐霞客游黄

图6-32　黄山迎客松

图6-33　黄山云海

山后曾发赞叹道："五岳归来不看山，黄山归来不看岳。"

黄山之美，以奇松、怪石、云海、温泉、冬雪"五绝"名冠天下（图6-32~图6-34）。黄山的生物资源丰富，林木茂密，古树参天，珍禽异兽，种类繁多。全山约有植物1500种，动物500多种。尤以遍布峰壑的黄山松独领风骚。著名的石景有金鸡叫天门、松鼠跳天都、猴子观海

等。黄山云海更是气象万千，
壮丽奇观。黄山温泉也称汤
池、灵泉，源出海拔850米的紫
云峰下，久旱不涸。清纯的水
质含有重碳酸盐和微量元素，
常年水温在42摄氏度。

图6-34　黄山的奇松怪石

　　黄山的历史文化沉积丰
厚，是中国著名山水画派的发
祥地；历代遗留的寺庙、亭
阁、盘道、古桥和摩崖石刻共
200多处，为名峰秀水增添了不
少古雅意境。黄山冬雪妙在与
松石云泉完美结合，飞雪、冰
挂、雾凇堪称奇景。

　　1990年12月，黄山作为自然与文化混合遗产入选世界遗产名录。世
界遗产委员会的评价是：黄山在中国历史上文学艺术的鼎盛时期（16世纪
中叶的"山水"风格）曾受到广泛的赞誉，以"震旦国中第一奇山"而闻
名。今天，黄山以其壮丽的景色——生长在花岗岩石上的奇松和浮现在云
海中的怪石而著称。对于从四面八方来到这个风景胜地的游客、诗人、画
家和摄影家而言，黄山具有永恒的魅力。

6.9　山东泰山

　　泰山地处山东省中部，北依济南，南临曲阜，面积42600公顷。主峰玉
皇顶海拔1545米，气势雄伟，拔地而起，素有"天下第一山"之美誉（图
6-35）。

　　泰山古名"岱宗"，春秋时期始称泰山。"泰"字意为极大、通畅和
安宁。泰山又称"东岳"，它与衡山、恒山、华山、嵩山合为中国"五

图6-35 泰山之巅

岳"名山。泰山自然景观雄伟高大，是数千年来历代帝王封禅祭天朝拜的神山（图6-36），享有"五岳之首"的地位。千百年来，佛道僧众、文人官绅纷至沓来，在泰山留下了众多名胜古迹，使之成为古老东方文明伟大而庄重的象征（图6-37）。

泰山风景名胜区以泰山主峰为中心呈放射状分布，由自然与人文景观融合而成。从帝王祭地的泰城岱庙（图6-38）到封天的玉皇顶，构成一条长达10千米的景观轴线。泰山风景兼具古老、

图6-36 泰山南天门登山道

壮丽、幽深、奇妙的品
质，山势雄伟，松柏漫
山，历代文人雅士吟咏
题刻的摩崖碑碣及庙宇
观堂随处可见，自然景
观巍峨、雄奇、沉浑、
俊秀。著名景点有天柱
峰、日观峰、百丈崖、
仙人桥、五大夫松、望
人松、龙潭飞瀑、云桥
飞瀑、三潭飞瀑等。全

图6-37　泰山上留存的历代名人摩崖石刻

山有古建筑群20多处，历史文化遗迹2000多处。泰山风景更有四大奇观享
誉天下：泰山日出、云海玉盘、晚霞夕照、黄河金带。

　　1987年12月，气势磅礴的中国泰山作为自然与文化混合遗产入选世
界遗产名录。世界遗产委员会的评价是：庄严神圣的泰山，两千年来一直

图6-38　泰山岱庙

是帝王朝拜的对象，其山中的人文杰作与自然景观完美和谐地融合在一起。泰山一直是中国艺术家和学者的精神源泉，是古代中国文明和信仰的象征。

6.10 陕西华山

陕西华山位于华阴市城东南，因山峰状若花朵而得名，又称"西岳"，总面积14800公顷。华山雄踞关中平原，北瞰黄河，南连秦岭，以险著称。山路奇险，逶迤崎岖，谷壁陡立（图6-39），登山之路蜿蜒曲折，到处都是悬崖绝壁，民间流传着"自古华山一条路"之说（图6-40）。在石缝和绝壁悬崖上开凿的石梯险道，如有名的千尺幢、百尺峡、苍龙岭等，云气蒸腾，寒索高悬，势若登天云梯。它们不仅是大自然天造地设的壮丽杰作，也是中国古代劳动人民智慧与汗水的劳动结晶。

华山地貌有36峰72洞，山岳景观极具特色。受地质构造变动的作用，华山有许多拔地擎天、状如刀削、雄伟奇险的山峰、峭壁和刃脊形的山岭。其中南峰落雁，西峰莲花，东峰朝阳，鼎峙而立，高插云霄，号称"天外三峰"；三峰之前，有中峰玉女、北峰云台，虽

图6-39 西岳华山之天险

图6-40 自古华山一条路，无限风光在险峰

不及"天外三峰"，却各具风姿，而且还有70多座小峰环立，山势宛如一朵盛开的莲花。登峰顶俯视，南麓山岭逶迤，沟壑纵横，郁郁葱葱；北麓庙宇宏伟，亭台典雅，四季景色旖旎，变幻无穷。鸣泉、飞瀑、红叶、雪淞、云雾雨雪、峭岩青松，构成了一幅幅美妙绝伦的天然图画，引人入胜（图6-41）。华山日出、苍龙行云、北斗红叶、燕子衔表、莲峰雾淞、雨雾弧光等景观，均蔚为奇观。

图6-41 华山绝壁之巅
雾气缭绕的奇松与景亭

华山最高峰为南峰，海拔高2160.5米，居五岳之冠，形如刀削，登临绝顶，令人产生"只有天在上，更无山与齐"之感。南峰顶上有老君洞，相传为道家始祖老子隐居地。山间松林密布，间杂桧柏。峰顶最高处岩石上刻有"真源"大字，还有老子峰、炼丹炉、八卦池等。老君洞北有太上泉，今称"仰天池"，泉水终年碧绿，其东面崖下有"南天门"石坊。明代在南峰上建造了金天宫，又名白帝祠，供奉华山神少昊。

奇特的自然与人文景观，构成了独特的华山文化。自北麓至峰顶，摩崖石刻，奇石秀木，随处可见；名人轶事，神话传说，寸土皆有。历史上许多朝代的帝王都到华山举行过封禅、祭祀大典，如秦始皇、汉武帝、唐高祖、唐玄宗、宋真宗、清康熙等。

华山道教源远流长，门派显赫，为道教十大洞天中的第四洞天。山上有72个悬空洞，皆为道家早期的活动遗迹。华山现存道观20余处，其中玉泉院、东道院、镇岳宫被列为全国重点道教宫观。

6.11　湖南衡山

湖南衡山位于衡阳市境内，又称"南岳"，群峰巍峨，有72峰绵延逶迤约400千米，是国家重点风景名胜区。主峰祝融峰海拔1290米，自古以"五岳独秀风光好，历史悠久名气大，佛道并存影响广，中华寿岳众人仰"的景观特色著称（图6-42、图6-43）。

相传尧、舜大帝曾在南岳衡山召令诸侯。大禹在此拜取治水方略，宋徽宗题书"天下南岳"牌额，康熙撰写"重修南岳大庙碑记"。历代名流学者如李白、杜甫、韩愈、黄庭坚、朱熹、王夫之、郭沫若等，都对南岳有吟咏墨迹。当代伟人毛泽东、周恩来、叶剑英等，也在衡山留下了伟业足迹。

南岳衡山的佛道同居一山、共存一庙之特色，是中国名山一绝。早在西周时期，道教就在南岳衡山开辟"洞天福地"，至唐代出现"十大丛林""八百茅庵"之盛况，并最终形成了佛道同尊共荣的特色景观。山

图6-42　南岳衡山之巅"祝融峰"

图6-43　南岳衡山之磨镜台

中有形似故宫、具有皇家气派的南岳庙（图6-44），有"六朝古刹、七祖道场"的福严寺，还有被日本曹洞宗视为祖庭的南台寺，道家称为"第二十二福地"的光天观。南岳衡山有"祝融峰之高、藏经殿之秀、方广寺之深、水帘洞之奇"，有"五龙朝圣""龙池蛙会""玉树琼花"等胜景。因此，南岳衡山在中国佛教和道教发展史上占有重要地位，尤其对日

图6-44 衡山南岳庙圣帝殿

本和东南亚地区有很大影响。

南岳衡山四季景色宜人，春赏奇花、夏观云海、秋望日出、冬赏雪景，令人心旷神怡，流连忘返。五岳独秀，是南岳衡山景观的历史口碑。古木参天，古寺幽深，是历代国人的朝拜、休闲、避暑胜地。祝融峰、水帘洞、方广寺、藏经殿、以其"高、奇、深、秀"的景观为特色，自古赞誉为南岳"四绝"。

南岳衡山著名的"寿文化"历史悠久。《星经》载：衡山对应星宿二十八宿之轸星，轸星主管人间苍生寿命，南岳故名"寿岳"。宋徽宗在南岳御题"寿岳"巨型石刻，现仍存于南岳金简峰皇帝岩。康熙皇帝亲撰的《重修南岳庙碑记》首句即为："南岳为天南巨镇，上应北斗玉衡，亦名寿岳"，再度御定南岳为"寿岳"。历代史志也常以"比寿之山""主寿之山"等敬称历代南岳衡山，誉称"中华寿岳"。此外，南岳还有"麻姑仙境之幽、穿岩诗林之趣、龙凤清溪之野、禹王山城之古"，融自然与人文景观为一体，汇古今诗意于一山。

6.12　浙江普陀山

普陀山又称"海天佛国"，位于浙江舟山群岛东部，以独特的海岛风光和悠久的宗教文化驰名于世，是中国四大佛教名山之一（图6-45），1982年被国务院列为首批国家重点风景名胜区。

普陀山位于舟山群岛之中，全岛面积1200公顷，呈狭长形；南北长约8.6千米，东西宽约3.5千米；最高处为海拔约300米的佛顶山天灯台。普陀山景观以海天壮阔取胜，也以山林深邃见长。登山览胜，眺望碧海，景色极为动人。古人盛赞其风景为："以山而兼湖之胜，则推西湖；以山而兼海之胜，当推普陀。"

普陀山是佛教圣地，自然与人文相映成趣，梵音共涛声交相融合。据记载，普陀山的佛教始于唐末，宋嘉定七年（1214）被钦定为"观世音菩萨道场"。鼎盛时期有三大寺、八十八庵、一百二十八茅蓬，号称"五百丛林，三千僧众"。规模较大者有普济、法雨、慧济三大禅寺和洛迦山、大北庵、紫竹林等十几处庵院。佛像庄严，殿宇巍峨。更有用仿金铜铸20米高"南海观音"大佛像，宏伟壮观。殿、阁、廊、亭、池、桥、坊和碑

图6-45　普陀圣境入口牌坊

图6-46　海天佛国普陀山，人间第一清静境

刻遍布全山。美丽的自然风景和浓郁的佛都气氛，使它蒙上一层神秘的色彩。岛上风光旖旎，峰峦郁翠，洞岩奇异，古刹庙宇遍布；海岸金沙盖地、礁石嶙峋；目眺重洋，四时景变，崇岩曲涧，云蒸霞蔚，晨昏各异，的确为"缥海云飞海上山，石林水府无尘寰"，世人又称之为"人间第一清静境"（图6-46）。

　　普陀山现存的著名寺院有普济、法雨、慧济三大禅寺及大乘、梅福、紫竹林、杨枝等30余处禅院。普济禅寺始建于宋代（图6-47），为山中供奉观音的主刹，建筑面积约11000平方米。法雨禅寺始建于明代，依山凭险，层层叠建，周围古木参天，极为幽静。慧济禅寺建于佛顶山上，风光别致。这些寺庙一年四季香火兴旺，游人不断。香会期间，各寺院香烟缭绕，

图6-47　普陀山普济禅寺

拜佛诵经，通宵达旦，海内外的香客和游客络绎不绝。

图6-48　普陀山磐陀石

普陀山树木葱郁，林幽壑美，主要有樟树、罗汉松、银杏、合欢等树种。其中，大樟树有千余棵。有株千年古樟，树围6米，浓荫数亩。还有一株鹅耳枥是珍稀树种，被列为国家二级保护植物。普陀山上著名的奇岩怪石有磐陀石（图6-48）、二龟听法石、海天佛国石等20余处。"磐陀夕照"为普陀山景观之一绝。每当红日西沉、苍烟暮霭之时，可见"海上渔船归欲尽，此石犹带夕阳红"⊖的画面。在山海相接之处，还有许多石洞胜景，如"潮音洞"和"梵音洞"。

梵音洞山色清黔，苍崖兀起，在距崖顶10多米的洞腰部，中嵌横石如桥，宛如一颗含在苍龙口中的宝玉。两陡壁间架有石台，台上筑有双层佛龛名"观佛阁"。相传在此观佛，所见佛像都会不同，因人随看随变，极其奇异。观佛阁下有曲窟直通大海，海潮入洞，拍崖涛声如万马奔腾，如龙吟虎啸，日夜不绝，闻者无不惊心动魄。佛家信众至此，多喜在洞口膜拜，祈求见到观世音菩萨的现身法相。清康熙三十八年（1699），皇帝御书"梵音洞"额赐挂其中。

6.13　福建武夷山

武夷山位于福建省西北部原崇安县城以南约15千米，景区面积约7000公顷，属典型的丹霞地貌（图6-49），平均海拔350米，素有"碧水丹山""奇秀甲东南"之美誉，1982年国务院公布为首批国家级重点风景名

⊖　仿写古诗《雷峰夕照》中"湖上画船归欲尽，孤峰犹带夕阳红"之句。——校者注

图6-49　武夷山丹霞地貌

图6-50　武夷山大王峰

胜区。大自然亿万年的鬼斧神工，形成武夷山奇峰峭拔、秀水潆洄、碧水丹峰的美景，构成奇幻百出的武夷山水之胜。

武夷山风景名胜区内有36峰、72洞、99岩及108个景点，共有武夷宫、九曲溪、桃源洞、云窝天游、一线天与虎啸岩、天心岩、水帘洞七大景区。"武夷第一峰"是大王峰，形如纱帽，巍峨挺拔，宛如天柱（图6-50）。全山森林植被保存完整，生物资源丰富，山川景色亦梦亦幻，瑰丽多姿。古人赞其兼有黄山之奇、桂林之秀、泰岱之雄、华岳之险和西湖之美。

武夷灵性在于水，最美当属九曲溪，自然风光独树一帜。它全长62.8千米，自西向东蜿蜒奔流，山绕水转，水贯山行，溪水晶莹，曲

曲含异趣，湾湾藏佳景
（图6-51）。山耸千层
青翡翠，溪摇万顷碧琉
璃。人们乘上古朴的竹
筏荡入山光水色之中，
仿佛融入神话般的境
界，更有约3800年历史
的武夷船棺高悬于陡崖
峭壁之上，令人叹为
观止。

武夷山是一座历史
文化名山，人文遗迹遍
布山中，有历代文人雅

图6-51　武夷山九曲溪

士吟咏传颂的诗文不下2000首，其中以南宋著名理学家朱熹最为出名。朱
熹曾随母亲在此居住多年，主管过武夷宫（图6-52）。他创制了著名的武
夷山八卦宴，给后人留下众多哲思。武夷山有400多处摩崖石刻题镌，有汉
代古城墟、宋代古瓷窑遗址和元代御茶园等名胜遗迹。

图6-52　始建于唐天宝年间（742—755）的武夷宫，南宋理学家朱熹曾在此主管

1999年12月，联合国教科文组织第23届世界遗产大会通过将武夷山作为自然与文化混合遗产列入世界遗产名录。世界遗产委员会的评价是：武夷山脉是中国东南部最负盛名的生物多样性保护区，也是大量古代孑遗植物的避难所，其中的许多生物为中国所特有。九曲溪两岸峡谷秀美，寺院庙宇众多，但也有不少早已成为废墟。该地区为唐宋理学的发展和传播提供了良好的地理环境，自11世纪以来，儒教对东亚地区的文化产生了相当深刻的影响。

6.14 四川峨眉山

峨眉山位于四川省中南部，主峰金顶的最高峰"万佛顶"海拔3099米。峨眉山优美的自然风光和神话般的佛国仙山景观驰名中外（图6-53），以其"雄、秀、神、奇"的特色，雄踞于中国名山之列，素有"峨眉天下秀"的赞誉。

峨眉山为佛门圣地的"普贤道场"，是中国佛教"四大名山"之一。

图6-53 峨眉山之"双桥清音"

图6-54　峨眉山金顶佛寺

佛教的传播、寺庙的兴建和繁荣，为峨眉山增添了许多神奇色彩，构成了特有的历史文化积淀。山上寺庙林立，以报国寺、万年寺等"八大寺庙"最为著名（图6-54）。

位于峨眉山东麓栖鸾峰的乐山大佛，始凿于唐代开元初年（713），历时90年完成。大佛为弥勒倚坐像，依山临江，坐东向西，面相端庄，通高71米，是世界上现存最大的摩崖石雕佛像（图6-55）。大佛气势恢宏，雕刻细致，线条流畅，比例匀称，体现了盛唐文化的气派。在佛座南北的两壁上，还有唐代精美的石刻造像90余龛。

峨眉山地处多种生境的交汇地区，生物种类丰富，特有物种繁多，保存有完整的亚热带植被体系。山中有植物242科、3200多种，约占中国植物种类总数的1/10。峨眉山还是多种稀有动物的栖居地，已知的动物有2300多种，是研究世界生物区系的重要地区。

1996年12月，中国四川峨眉山和乐山大佛作为自然与文化混合遗产入选世界遗产名录。世界遗产委员会的评价是：公元1世纪，在四川省峨眉山景色秀丽的山巅上，落成了中国第一座佛教寺院。随着四周其他寺庙的建立，该地成为佛教的主要圣地之一。许多世纪以来，文化财富大量积淀。

图6-55 峨眉山脚岷江边的乐山大佛

其中最著名的要属乐山大佛，它是8世纪时人们在一座山岩上雕凿出来的，仿佛俯瞰着三江交汇之所。佛像高71米，堪称世界之最。峨眉山还以其物种繁多、种类丰富的植物而闻名天下，从亚热带植物到亚高山针叶林可谓应有尽有，有些树木树龄已逾千年。

6.15 厦门鼓浪屿

鼓浪屿位于福建九龙江出海口，面积188公顷，与厦门岛隔着600米海峡相望。宋末元初，闽人登岛开荒居住，取名"圆沙洲"。明代大将军郑成功在此屯兵操练准备收复台湾时，改称"鼓浪屿"。岛上日光岩附近至今还保存有水操台、石寨门等军事遗址。

鸦片战争后，厦门被开辟为通商口岸，西方人占据鼓浪屿，开始传播西方文化和生活方式。中日甲午战争后，日军占领台湾。清政府为阻止日本进一步侵略，决定借助洋人力量"兼护厦门"。1902年1月，日本及英、法、德、美等9国的驻厦门领事与福建省兴泉永道台郑延年在鼓浪屿

图6-56　海上花园鼓浪屿

签订《厦门鼓浪屿公共地界章程》（Land Regulations For the Settlement of Kulangsu，Amoy），使鼓浪屿成为公共租界。1903年1月，英、法、德、美、日等13个国家陆续在岛上设立领事馆，鼓浪屿成立公共租界工部局管理岛上各种事务。此后，直到1941年太平洋战争爆发，鼓浪屿是国内较少受时局动荡影响的安全岛，大量西方人、华侨和本土人士上岛定居，兴建私人住宅或别墅、医院、学校和教堂，带动了岛屿的全面建设和发展。在此期间，华侨群体在鼓浪屿建设了一批现代化的公共设施和颇具地方特色的别墅住宅。据当年工部局年报所载，仅20世纪20—30年代的10余年间，岛上居住的华侨、华人在鼓浪屿就建造了1014幢楼房，形成了鼓浪屿花园别墅建筑群的主体（图6-56）。其中，洋人公馆、别墅约占25%，其余75%为华侨投资建造。因鼓浪屿岛上的建筑种类繁多，风格多样，"世界建筑博览园"的别称由此而来。1941年后，日军占领鼓浪屿，岛上城市建设和文化发展基本中断。1945年二战结束，中国政府收回失地，鼓浪屿才获新生。

从19世纪中叶到20世纪中叶的百余年间，鼓浪屿建设了一批现代化学校、医院、银行、邮局等社区设施，建立了近代闽南地区最好的教育、医

图6-57　鼓浪屿上的天主教堂

疗体系，在战乱纷争的年代里一度成为世人向往的"世外桃源"。在大量花园别墅住宅和公共建筑的开发建设中，鼓浪屿吸纳了外来及本土不同文化元素、建筑技术及工艺，塑造了独特的城市历史景观（图6-57、图6-58）。

图6-58　鼓浪屿上的近代花园别墅

时至今日，鼓浪屿上独特的海岛自然风光、自由生长的城市空间结构、丰富多元的社区公共设施、带有强烈时代特征的建筑和优雅精致的住宅庭园，都被相对完整地保存下来，塑造出"海上花园""钢琴之岛"的独特景观风貌和遗产特色。这些杰出的文化遗存反映了以鼓浪屿为代表的中国传统闽南文化，在早期全球化的发展进程中社会文化、建造技术、审美态度等方面所发生的急剧变化，展示了中西文化碰撞交融和共生共荣的历史

图6-59 鼓浪屿日光岩寺

脉络。

　　鼓浪屿风景名胜的开发源于明、清两代，是早期闽南传统文化与海洋文化保留下来的物质遗存。明末清初，郑成功为收复台湾曾驻兵鼓浪屿，操练水师，事迹传说广为流传。鼓浪屿上的日光岩、水操台、龙头山等地仍遗存有许多相关历史痕迹，以及后人慕名前来景仰留下的摩崖题记，寄托了强烈的民族情感。鼓浪屿日光岩上现存年代最为久远的摩崖题刻"鼓浪洞天"，是明万历元年（1573）泉州府同知丁一中题写。旁边悬崖绝壁上，还遗存有清代和民国时期的名人题刻，如"鹭江第一""天风海涛"等，为日光岩寺增添了人文景观特色。位于鼓浪屿制高点日光岩脚下的日光岩寺（图6-59），原名"莲花庵"，明万历十四年间重修，更名为日光岩寺，是闽南有较大影响的佛教寺院。全寺建筑布局随山就势，不拘常法，部分殿宇凿岩为室，小巧别致。

　　鼓浪屿在近代较早建成了一批具有公共游憩功能的城市花园。其中，最负盛名者是华侨领袖林尔嘉先生1913年在鼓浪屿南部海滨创建的菽庄花园。它仿照台北故居板桥花园而建，亦为"菽庄诗社"提供举办诗会、雅集的场所。菽庄花园的建筑和假山营造既参考江南宅园，又借鉴西式

图6-60　鼓浪屿菽庄花园的四十四桥景区

园林，借景大海，精致多情。园中有藏海园、补山园、四十四桥、亦爱吾庐亭等具有闽南风格的景点，体现了中国传统造园的审美意趣（图6-60）。同时，园主又邀请德国设计师创作了一些西式景观，体现了当时华侨园林中西合璧杂糅风格的特点。独立的海岛环境和相对稳定的社会发展，使鼓浪屿上类型丰富、风格多样的近代社区建筑与风景园林遗产得以完整、真实地保留下来，成为鼓浪屿悠久历史和多元文化交融的物质见证，具有杰出的艺术价值。

鼓浪屿于1988年被国务院列为第二批国家重点风景名胜区之一，现有国家及省、市文物保护单位11处。国家级重点保护的有10处，包括12栋近代建筑和1处近代园林。其中，风景园林遗产项目有7处。2017年7月，联合国教科文组织世界遗产大会表决通过，将"鼓浪屿：历史国际社区"列入世界文化遗产名录。

鼓浪屿历史悠久的风景名胜、自由活泼的街区景观和景观多样的花园别墅，构成了鼓浪屿整体作为历史国际社区的遗产特征，见证了华侨文化的民族特征和文化包容力，突出反映了闽南本土文化与西方海洋文化在社会各领域相互交融、共存的交流过程，成为当时全球文化碰撞与交融集中展现的范例。世界遗产委员会的评价是：鼓浪屿是中国在全球化发展早期阶段实现现代化的一个见证。通过当地华人、还乡华侨以及来自多个国家的外国居民的共同努力，鼓浪屿发展成为具有突出文化多样性和现代生活品质的国际社区，也成为活跃于东亚和东南亚一带的华侨、精英的理想定居地，是体现19世纪中叶至20世纪中叶现代人居理念的独特示范。

第7章
中国江南园林之精品赏析

7.1 江南园林概观

　　中国古代的私家园林，在汉代已开始萌生和发展。据史书载，西汉时董仲舒"下帷读书，三年不窥园"，可见当时士大夫阶层中许多人已有宅园。魏晋之际，社会动荡，战乱不断，导致玄学盛行。玄学重清谈，不拘礼法，不务实际。魏末晋初，号称"竹林七贤"的嵇康、阮籍、刘伶、向秀、阮咸、山涛、王戎是隐逸山林的清谈家代表人物。南方士族文人谢灵运，为了游山而自制登山木屐，甚至雇工专门为他开路。陶渊明虽较清贫，亦"三宿水滨，乐饮川界"。王羲之兰亭之修禊盛会，传为千古韵事。寄情山水，雅好自然，逐渐成为社会时尚。身居庙堂的官僚、士大夫们不满足于一时的游山玩水而纷纷造园，有权势的庄园主竞相效尤，私家园林应运兴盛，民间造园成风、名士爱园成癖。

　　唐代的诗人画家，对于祖国山河的自然风物多有吟咏和描绘。他们将诗画的实践经验用于园林营造，大大提高了私家园林的艺术水平和审美趣味。例如诗人白居易（772—846）结草堂于庐山，"辄覆篑土为台，聚拳石为山，环斗水为池"，造就了一个富有浪漫趣味的小园。草堂中"春有锦绣谷花，夏有石门涧云，秋有虎溪月，冬有炉峰雪"；可以"仰观山，俯听泉，傍睨竹树云石"；人与自然的交融达到了出神入化的高度境界。诗人王维（701—761）曾营建"辋川别业"，即在有天然林泉之胜的山谷地区相地而筑的私家园林。据《新唐书·文艺传·王维》载："别墅在辋川，地奇胜，有华子冈、欹湖、竹里馆、柳浪、茱萸沜、辛夷坞，与裴迪游其中，赋诗相酬为乐。"王维以画设景，由景得诗，以诗入画，情景交融，达到了形神贯通的境地。

图7-1　明代江南才子唐寅笔下的纵情山水之乐

宋代以后，私家园林继承汉唐遗风又有很大发展。其中，以苏州、扬州为中心的江南地区民间造园活动，荟萃了中国园林艺术的精华，成为明清时期文人山水园的典型代表。明代嘉庆至清代乾隆年间，江南园林的发展更是达到了中国古代鼎盛时期，民间造园之风盛行（图7-1）。

江南园林多采用写实与写意相结合的创作手法，蕴涵老庄哲理、佛教精义、六朝风流，深受诗文趣味影响浸润。造园立意讲究"朱门何足荣，未若托蓬莱""何必丝与竹，山水有清音"。尤其是文人造园的思想主题，多以冷洁、超脱、秀逸的概念为高超的意境，以吟风弄月、饮酒赋诗、踏雪寻梅等活动为风雅的生活内容，在特定地域内布置山谷峰壑、池沼溪涧景象，反映了古代文人士大夫阶层接近自然的诗意化生活要求（图7-2）。这些优雅的山居别业、深宅花园和斗鸡走马、声色华堂一样，不仅是一种生活享受，也成为园主寻求介乎于"兼济天下"与"独善其身"之

图7-2 苏州拙政园之松风水阁

间人生乐趣的一种途径。

    江南园林的艺术风格以曲折幽深、富于变化和充满诗情画意而著称，对中国南北各地的造园活动有重大影响。造园家为增加园景深度，多在入口处设有假山、小院、漏窗等作为屏障，适当阻隔视线，使人隐约看到一角园景，然后几经盘绕才见到山池亭阁的全貌。如拙政园和留园的入口空间处理。园景空间环环相扣，庭院布局层层相叠，屋宇、山池、花木相互衬托，互为借景，形成丰富的景观层次和无穷的景趣变化。

    江南园林中的花木配置，多以非对称的自然式种植为主，花木姿态和线条刚柔相济，与山石、水面、建筑有机结合组成画面，形成独特的淡雅清秀风格（图7-3）。在大片落叶树与常绿树的混合配植中，常利用园林植物树形的大小、枝叶的疏密、色调的明暗、季节色彩的变化，构成富有生趣的优美景致，形成动人的诗意自然景观（图7-4）。一些名贵的特色花木，还常用来命名景区和建筑，构成观赏主景。如拙政园中的雪香云蔚亭、梧竹幽居亭、枇杷小院等。

图7-3 扬州瘦西湖竹里馆的题联

明清江南园林在唐宋写意山水园的基础上进一步发展，更强调造园意境，重视掇山叠石和理水的技巧趣味，借鉴文学、绘画艺术手法表现山水之美。因此，江南园林里充满了诗情画意（图7-5）。不仅主景建筑都题有寓意高雅的楹联、匾额，且对山水、花木的经营布局也渗透着隽永的文学意味，达到"片山多致，寸石生情"的超然意境。造园家把园中山池寓意为山居岩栖，高逸遁世；以石峰象征山岳，以鸣雅志；将松、竹、梅比作孤芳傲世的"岁寒三友"，喻荷花为"出淤泥而不染"的君子。这种寄情山水、崇尚隐逸的文化倾向，既反映了园主的人生观和审美观，也是中国古典园林艺术的哲学基础之一。

图7-4 无锡寄畅园之明净秋色

图7-5　苏州拙政园之春日新绿

7.2　苏州拙政园

　　苏州拙政园是1961年国务院公布的首批全国重点文物保护单位中的四大园林之一，占地5.2公顷。经过数百年的沧桑变迁，它至今保持着明代园林疏朗典雅、旷远明瑟的古朴风格，被誉为"中国私家园林之最"（图7-6）。

　　拙政园始建于明正德四年（1509）。御史王献臣因官场失意而还乡，以大弘寺为基址拓建此园。园名出自西晋潘岳《闲居赋》中"此亦拙者之为政也"，与陶渊明《归园田居》诗中"守拙归园田"的"拙"字同义，暗喻园主不善在官场中周旋。全园六成用地为水面，表现园主江湖隐逸之志。恰如恽格《拙政园图》所题："秋雨长林，致有爽气。独坐南轩，望隔岸横冈……使人悠然有濠濮间趣。"建园之初，王献臣曾请吴门画派大师文徵明设计，形成以水为主、疏朗平淡、近乎自然的园林风格。全园以水景取胜，平淡简远，朴素大方，文人气息浓厚，处处诗情画意（图7-7~图7-9）。王献臣之后，园主屡更，有王心一、叶士宽、张履谦等多人先后

崇尚自然，寄情山水

山以水为血脉，故山得水而活；水以山为面，故水
得山而媚。

【清】王原祁　《仿黄公望山水》

界中最富有艺术魅力的基本景观。在中国古典园林艺术理论里，"山水"是园林地形形整理是创造园林景观地域特征的基本手段。山、水、平地的布局，奠定了园林景观轮廓。被塑造的山水地形，是一种自然美与人工美相统一的艺术形象。

其姿态、色彩、光影、气味等特征，无时不给人以美的享受。创造景观变幻且富有生间，是中国古典园林里植物造景的基本功能。其目的，是通过富有诗意的植物配置使共同组成尺度宜人、比例适当、气氛幽静的空间环境，并形成多变的光影效果。园林有个体审美价值，还可以用来组织园林的景观空间，以取得"似隔非隔、相互渗透"。

林的营造历来注重对园林建筑的经营，使之成为在特定的自然环境中人的形象及其生量的物化象征。一般都力求将各类游憩性的景观建筑布置在欣赏景致的最佳位置，使美景的最佳观赏点。同时，园林建筑本身也是极其优美的景观，仿佛凝固的诗，立体

造的自然式园林里，不仅讲究对植物的配置，同时也常用一些观赏动物作为园景的点趣。如候鸟、蝉类常活跃于山阜林木之间；蟋蟀、蚱蜢、萤火虫多栖息于山石缝里、蜜蜂、蝴蝶、蜻蜓等终日奔忙于花草丛中……千百年来，这些观赏动物已成为园林景素之一，与山水、植物、建筑等要素组成和谐统一的中国园林艺术形象。

林的营造，一贯重视对自然天象和季相的借景利用。将日月星辰、天光云影、阴晴雨荣等自然现象巧妙地组织成优美动人的园林景观。园林景观的明暗与色调变化，主要影渲染所成。日照星辉的晨昏更替，阴晴雨雪的天时变幻，春夏秋冬的四时轮回，在都有直接的表现。即使是同一处园林景观，在晴空赤日或溶溶月色下，也会有不同的

"，是指园景要素的线性组合形态。从平面上看，景线有园路构成的游览线、池岸构、花卉装饰的图案线及树木群落的林缘线等；从立面上看，景线有建筑的轮廓线和林等。

是人居环境空间营造的重要内容，也是造园家表达特定艺术理念与情思的工作对象。诗情画意和意境联想，很大程度上来源于观赏者对审美环境的切身体验。其中，园林的装饰陈设起到了烘托、点题等作用。

上来看，造园的主题（或初衷），一般都来自作者对某种自然山水景观的艺术情思，确的文学意味。然后，相地立基、造山理水、种植花木、赋诗题名，创作出园景主题术氛围，使人在游赏中能通过园景形象而领会到造园意境。中国古典园林中的诗文题观结合在一起，能够恰到好处地点出园景创作的主题，给人以富于诗意的美感。

中国园林艺术的构成要素

装饰陈设

抒情画意

1. 山水是自然
的简称。地
环境的基本

2. 园林植物以
趣的园林空
建筑与山水
植物不仅具
的景观效果

3. 中国古典园
活理想和广
其成为园林
的画。

4. 中国古代营
缀以增添生
墙根阶下；
致的构成要

5. 中国古典园
雪、草木枯
是由天光云
园林景观上
审美效果。

6. 所谓"景线
成的水形线
冠的天际线

7. 装饰与陈设
园林空间的
里各种精美

8. 从创作逻辑
有着比较明
所要求的艺
咏与自然景

巧于因借，精在体宜

园虽别内外，得景则无拘远近，晴峦耸秀，绀宇凌空，极目所至，俗则屏之，嘉则收之，不分町疃，尽为烟景，斯所谓巧而得体者也。

【元】王蒙　《溪山高逸》中的游憩建筑

虚实相生，小中见大

山重水复疑无路，柳暗花明又一村。

明代江南才子唐寅笔下的纵情山水之乐

④ 动物生趣

花木寄情，和谐生境

繁花铺锦，紫蔓攀垣；萍移幽池，苔侵暗阶；墙移花影，窗映竹姿；梧荫
匝地，槐影当庭；如此生境，何等动人！

【五代南唐】董源　《江堤晚景图》

状物比兴，讲究意境

室之有高下，犹山之有曲折，水之有波澜。故水无波澜不
致清，山无曲折不致灵，室无高下不致情

【宋】马远 《对月图》表现了古人纵情山水的生活

1 山水创作

2 建筑经营

3 植物配置

图7-6　拙政园主厅远香堂之夏景

为主，故又有"归田园居""复园""将园""吴园""书园""补园"
等园名。500多年来，拙政园历尽沧桑，几度分合，留下了许多诱人探寻的
遗迹和典故。

　　拙政园布局甚有章法：东部明快开朗，以平冈远山、松林草坪、竹坞
曲水为主，空间开阔；主景建筑有兰雪堂、缀云峰、芙蓉榭、天泉亭、秫
香馆等。中部为园景精华所在，以水景为主，池广树茂、山水明秀、厅榭
典雅，临水布置了形体不一、主次分明、高低错落的建筑，如远香堂、香
洲、荷风四面亭、见山楼、小沧浪、小飞虹、枇杷园等。西部水廊逶迤，
楼台倒影，清幽恬静，水池呈曲尺形布局，有卅六鸳鸯馆、十八曼陀罗花
馆、留听阁、倒影楼、与谁同坐轩、水廊等；台馆分峙、装修精美、回廊
起伏，水波倒影，别有情趣。

　　拙政园在山水布局、建筑造型、书画雕刻、花木园艺等方面都有独
到之处，园林空间处理得非常巧妙，充分运用了借景和对景等造园艺术手
法。如东部和中部景区用一条复廊相隔，廊壁墙上开有25扇花窗，使园林
景观隔而不断，相互借景，大美尽在不言之中。

图7-7 拙政园梧竹幽居

图7-8 拙政园逶迤起伏的水廊

图7-9 拙政园香洲画舫春景

7.3　苏州网师园

网师园位于苏州古城东南隅阔家头巷，是苏州宅园中以少胜多的造园典范，1982年被国务院列为全国重点文物保护单位，1997年被列入《世界文化遗产名录》。

网师园始建于南宋淳熙初年，至今已有800多年的历史。据史料记载，吏部侍郎史正志在此地建"万卷堂"，名其花圃为"渔隐"，植牡丹500株。清乾隆年间，光禄寺少卿宋宗元在万卷堂故址营造别业，为奉母养亲之所，始名"网师园"，园内建有12景。乾隆末年，网师园被瞿远春购得并加以改建，增建亭宇，叠石种树，使之"地只数亩，而有纡回不尽之致；居虽近廛，而有云水相忘之乐"。瞿氏造园的结构与风格，一直保存至今。

网师园的布局形式为东宅西园，宅园相连，有序结合。全园以中部山池为构图中心（图7-10），东为住宅区，南为宴乐区，西为殿春簃内园，

图7-10　网师园中部山池与竹外一枝轩

北为书房区；因景划区，境界各异。中部山池区的水面以聚为主，突出主景。池西北石板曲桥，低矮贴水，东南"引静桥"微微拱露。古人过桥共需三步，故又名"三步桥"。桥下溪涧内设有一小巧闸门，附近岩石上刻有"待潮"二字，小中见大，引人遐思。环池一周砌筑黄石假山，高下参差，曲折多变，形成池面水广波延、源头不尽之意。园内建筑造型秀丽，小巧精致，尤其是池周亭阁的尺度、体量、造型与色彩俱佳（图7-11、图7-12），内部家具和装饰工艺也精美别致（图7-13）。

图7-11　网师园内半廊、半亭与院墙、花木石景相结合的空间

图7-12　网师园湖石花台与花窗组合空间

　　在艺术风格上，网师园名寓意"江湖渔隐"，园内山水布置和景点题名都蕴含着浓郁的高士隐逸气息。全园面积不大，仅5400平方米，却做到了主题突出、布局紧凑、小巧玲珑、清秀典雅，游赏空间变化丰富而不显局促。池边的主景建筑"月到风来亭"，取唐代诗人韩愈的"晚色将秋至，长风送月来"之诗意。园景空间环环相扣，庭院布局层层相叠，屋宇山池花木相互衬托，互为借景，形成丰富的景观层次和无穷的景趣变化。

　　1978年，美国纽约大都会艺术博物馆派员访华，被苏州园林美景所陶

图7-13　网师园看松读画轩内景，洋溢着书卷墨香

醉，有意在博物馆中造一座中国园林建筑。双方几经商谈，决定仿造网师园中的"殿春簃"小院，取名"明轩"。这是第一例在国外营造的正宗中国古典园林杰作。

7.4　苏州留园

留园始建于明嘉靖年间（1522—1566），园主是已罢官的太仆寺少卿徐泰时。他邀请叠石名师周时臣设计建造，取名"东园"。清嘉庆年间（1796—1820），该园为刘蓉峰所有，在原已破落的东园旧址基础上改建，以"竹色清寒，波光澄碧"为造园特色，命名为"寒碧山庄"，人称"刘园"。同治十二年（1873），湖北布政使盛康购得此园，花了3年时间大规模扩建，终于在光绪二年（1876）落成，易名为"留园"，寓意"长留天地间"。园中的湖石主景冠云峰高6.5米，亭亭玉立，江南第一

图7-14　留园中部冠云峰水石庭

（图7-14），相传是宋代"花石纲"遗物。留园与北京颐和园、承德避暑山庄、苏州拙政园并列为中国四大名园，是第一批全国重点文物保护单位之一，也是世界文化遗产。

留园规模较大，面积约3公顷。全园布局紧凑，中部以山水为主，东部以建筑见长（图7-15、图7-16），北部为田园景色，西部是山林风光。园内厅堂敞丽，装饰精雅，尤以建筑空间的艺术处理著称（图7-17、图7-18），擅于利用建筑手法把园景空间巧妙分隔成各具特色的景区，并用曲廊相连。全园曲廊达700多米，随形而变，顺势而曲，使园景显得深远而又富于变化（图7-19）。

留园中部原称"寒碧山庄"，以山水胜景为全园精华。水池居中，有小蓬莱岛，架曲桥连接两岸，周围环以土质假山；明瑟楼、涵碧山房、闻木樨香轩、可亭、远翠阁、清风池馆等临水而筑，错落有致。涵碧山房之名取朱熹"一水方涵碧，千林已变红"的诗意，面阔三间，坐南朝北，为全园主厅。厅前有宽广月台依荷花池，又名"荷花厅"。"明瑟楼"取意郦道元《水经注》中"目对鱼鸟，水木明瑟"之句意，西接主厅，远观二者形如画舫。"清风池馆"缘自苏东坡《赤壁赋》："清风徐来，水波

图7-15 留园曲溪楼

图7-16 留园华步小筑

图7-17 留园中部水面与紫藤花架

图7-18 留园清风池馆

图7-19 留园里曲折回环的游廊

图7-20 留园濠濮亭

不兴"，居池东北角，向西敞开，最适观鱼。小蓬莱池畔的濠濮亭为垂钓
观鱼之所（图7-20）。池亭偏安一隅，环境清幽，自成天地，亭中匾题：
"林幽泉胜，禽鱼自亲，如在濠上，如临濮滨。昔人谓会心处便自有濠濮
间想，是也。"园主借此表现超然尘世烦恼，追求自然情趣的高远意境。

留园内奇石众多，且与亭台花木配置得宜。连接全园的曲廊逶迤曲
折，攀山腰，畔水际，随势而变。廊壁镶嵌园主收集的历代碑刻300余方，
称"留园法帖"，尤以明嘉靖年间吴江松陵人董汉策历时25年所刻王羲
之、王献之父子的"二王法帖"最为有名。

7.5 苏州环秀山庄

苏州环秀山庄的建造历史最早可推溯到晋代王珣、王珉兄弟舍宅建景
德寺。五代时，园址名"金谷园"，后来屡有兴废，今在苏州刺绣博物馆
内，已被列入世界文化遗产。

清乾隆年间（1736—1795），园主蒋楫、华沅、孙士毅三家先后居于
此地，掘地为池，叠石为山，造屋筑亭其间。孙氏后人孙均，雅号林泉，
于嘉庆十二年（1807）请叠山名家戈裕良重构此园。戈裕良在半亩之地所
叠假山，有尺幅千里之势。从此，该园便以假山胜景名扬天下。清道光
二十九年（1847），它成为汪氏宗祠"耕耘山庄"的一部分，更名"环秀

图7-21　环秀山庄假山入口折桥

图7-22　环秀山庄湖石假山洞府

山庄"，又称"颐园"。

环秀山庄用地不大，周围无景可借，造园颇有难度。然而造园设计巧妙得宜，石山、水池、树木、建筑融为一体，佳景层出不穷。望全园峰峦石壁，山重水复；入其境移步换景，变化万端（图7-21）。湖石假山仅330平方米，却造出峭壁、峰峦、洞壑、涧谷、平台、磴道等多种山景，极富变化（图7-22）。池东主山，池北次山，气势连绵，浑成一片，恰似山脉贯通，突然断为悬崖。而于磴道与洞流相会处，仰望是一线青天，俯瞰有几曲清流，令人宛如置身于深山

图7-23　环秀山庄假山中飞梁与溪涧

丘壑之中（图7-23）。整个假山处理细致，贴近自然，一石一缝，交代妥帖，可远观亦可近赏，享有"别开生面、独步江南"之美誉。

7.6　扬州个园

　　唐代诗仙李白曾有名句："故人西辞黄鹤楼，烟花三月下扬州。"自古以来，扬州的私家园林久负盛名。《扬州画舫录》载："杭州以湖山胜，苏州以市肆胜，扬州以园亭胜，三者鼎峙，不可轩轾。"

　　中国古典园林常分为南、北两个艺术流派。北方以皇家园林为代表，南方则以私家园林为代表。唯扬州园林较为独特，自成一体，艺术风格介于南北之间。究其原因，一是扬州地处水陆交通要道，是明清时期年吞吐量达10亿公斤的盐业集散地，富商巨贾云集，士商杂处，务实求乐。二是清帝多次南巡，每次必定落脚扬州，南北园林匠师交流较多，促进了园林营造水平的提高。

　　扬州人好游冶，生性淡泊，亲近自然，儒雅风流。据记载，唐代就有"入郭登桥出郭船，红楼日日柳年年"。到了明清，张岱的《扬州清明》将扬州人游兴之浓，描述得绘形绘色。清代文人李斗所著《扬州画舫录》，称扬州人好游山玩水，四海知名，画舫几乎成为扬州的象征。游船之多、种类之繁、游冶内容之丰富、形式之别致，可谓前无古人。历史上扬州以花园胜，花园以叠石胜，其中最著名者，当数个园与何园（寄啸山庄）。

图7-24　扬州个园入口

　　个园位于瘦西湖旁的盐阜路，建于清嘉庆二十三年（1818），是大盐商、两淮盐业商总黄至筠在明代寿芝园旧址上重建的私园（图7-24）。园主名字带竹，喜爱竹子近乎痴迷，特别欣赏苏东坡"宁可食无肉，不可居无竹。无肉使人瘦，无竹使人俗"的诗意，推崇竹子"本固、虚心、体直、节贞，有君子之风"。园中植修竹万竿，园名取自清袁枚的"月映竹成千个字"句意。因"个"字乃"竹"字之半，笔画状似竹叶，故名"个园"。

个园面积约2公顷，布局巧妙，曲径幽深，引人入胜，尤以四季假山的堆叠精巧而著称。园中假山利用不同的石色石形，采用分峰叠石的手法，构筑石山、石门、石路，以石斗奇。石伴池水壮，石衬青竹秀，石抱参天古树，石拥亭台小楼。园中假山，有些用黄石，在山腹中设曲折磴道盘旋到顶，为北派的叠石法；有些用太湖石，流泉倒影，逶迤一角，为南派的掇石法。由此将中国山水画意的南北之宗汇聚一园，独具风格。园中四季假山，更为中国古典园林里的特色佳作（图7-25~图7-28）。

图7-25　个园之春山

图7-26　个园之夏山

图7-27　个园之秋山

图7-28　个园之冬山

图7-29　扬州个园清漪亭

　　个园中的四季假山，是按宋代大画家郭熙《林泉高致·山水训》来构思堆叠的。其造景立意是："春山澹冶而如笑，夏山苍翠而如滴，秋山明净而如妆，冬山惨淡而如睡。"具体表现手法为：以门景的竹笋石为春，以湖石山为夏，以黄石山为秋，以宣石山为冬，令人在游览中体会到无穷的趣味和美感。园中的建筑也与湖石假山巧相呼应，生动灵秀，如清漪亭（图7-29）。

图7-30　个园主厅"抱山楼"

　　个园虽以山石景胜，却也用一泓池水映托山石的灵秀之气。尤其是西北区的太湖石山与天光云影一起倒映池中，玲珑瑰玮，清晰如画。主景建筑"抱山楼"横贯东西，气势不凡，一楼抱两山，壶天自春光（图7-30）。个园是扬州园林鼎盛时期的代表作，现为全国重点文物保护单位。

7.7　南京瞻园

　　南京瞻园位于城南夫子庙西侧瞻园路，坐北朝南，面积约2.5公顷。瞻园是南京仅存的一组保存完好的明代古典园林，与无锡寄畅园、苏州拙政园和留园并称为"江南四大名园"。

　　瞻园始建于明嘉靖年间，原为明代开国功臣徐达七世孙太子太保徐鹏举府第的"西花园"，清初改为江宁布政使司衙门。乾隆皇帝南巡时，曾两度驻跸瞻园，并亲笔题写了"瞻园"匾额。据说乾隆对瞻园景致十分欣赏，回京后命人在西北郊长春园中仿瞻园神韵而建"如园"。1853年太平天国农民起义定都南京后，瞻园先后为东王杨秀清和夏官丞相赖汉英的王府花园。1864年该园毁于兵火。1865年和1903年两次重修，但园景已远不及旧观。民国时曾将江苏省长公署等政府机关设于园内。

　　瞻园分东、西两大景区，园内存有两块宋代奇石"仙人峰"和"倚云峰"。园内主景建筑是"静妙堂"（图7-31），一面建在水上，宛如水榭。静妙堂把全园分成两部分，南小而北大，北寂而南喧。园地南北各建有一座假山水池，以一泓清溪相连，使南北两个格调鲜明的空间有聚有分，相互联系。水居山前，隔水望山，相映成趣（图7-32）。

图7-31　瞻园静妙堂

图7-32　南京瞻园山池水榭

图7-33　瞻园南部园景

　　瞻园以假山石景取胜，造景效果与实用功能巧妙结合，现今园中北假山即为明代遗物。园中有回廊蜿蜒曲折，串联南北园景（图7-33）。1958年后，太平天国历史博物馆设在瞻园中，使旧院妩媚，新容俏丽。

7.8　上海豫园

上海豫园位于老城厢东北部，毗邻老城隍庙，是明代建造的私家园林，规模宏伟，景色佳丽，楼阁亭台荟萃，以大假山、玉玲珑、九曲桥、龙墙等景观最为有名，有"秀甲江南"之誉（图7-34~图7-36）。

豫园始建于明嘉靖、万历年间，已有400多年历史。园主潘允端曾任四川布政使。其父潘恩官至都察院左都御史和刑部尚书。潘恩年迈辞官告老还乡，潘允端为了让父亲安享晚年，从明嘉靖三十八年（1559）起，在潘家宅院世春堂西面的几畦菜田上聚石凿池，构亭艺竹，经20多年营建方臻完善，建成豫园。"豫"有"平安""安泰"之意，取名"豫园"有"愉悦老亲"之念。

图7-34　豫园"山辉川媚"景门

图7-35　豫园内江南三大名石之一的"玉玲珑"

图7-36　豫园主厅"玉华堂"

　　豫园占地约5公顷，由明代造园名家张南阳精心设计并参与施工。园景规模宏伟，工艺精美绝伦，古人称赞豫园"奇秀甲于东南"，誉为东南名园之冠。后来，因社会动荡和战乱，豫园数次易主，园林被分割，景点遭破坏。1840年鸦片战争中，英军强占豫园，大肆蹂躏，致使"园亭风光如洗，泉石无色"。

　　清咸丰三年（1853）上海小刀会起义，在豫园点春堂设城北指挥部。起义失败后，清兵在城内烧杀劫掠，豫园遭严重破坏，点春堂、桂花厅等建筑被付之一炬。民国时期，豫园成为庙园和庙市。"八一三"淞沪抗战时，豫园香雪堂被日军烧毁，园景湮灭。

　　新中国成立后，上海市政府从1956年起对豫园进行了大规模修缮，历时5年，昔日佳景大都恢复，于1961年9月开放游览。现豫园（图7-37~图7-39）占地约2公顷，景点48处，园中亭台楼阁、厅堂廊舫、曲桥水榭、假山奇石、池塘龙墙、古树名花，参差错落，掩映有致。

豫园建筑设计精巧，布局疏密得当，园景以清幽秀丽、玲珑剔透见长，富有诗情画意，生动体现了江南园林善于"小中见大"的造园技巧。

图7-37 豫园中富有民间艺术风格的龙墙

图7-38 豫园"九狮峰"石景

图7-39　豫园之流翠园

7.9　南翔古猗园

　　古猗园位于上海市西北郊嘉定区南翔镇，是明代嘉靖年间闵士籍自建的宅园。古猗园风光优美，移步成景，以逸野堂、缺角亭、青清竹园、鸳鸯湖等景致而著名。园中山水树石布局出自嘉定竹刻名家朱三松之手。他取《诗经》里"绿竹猗猗"之句，定名"猗园"。初以"十亩之园"的规模遍植绿竹，内筑亭、台、楼、阁、榭，在建筑立柱、椽子、长廊上刻满千姿百态的竹景，生动典雅。清乾隆十一年（1746）该园拓充重葺，更名"古猗园"。

　　古猗园以戏鹅池为中心，西面建有明代的白鹤亭（图7-40），北面是石舫，东面有梅花厅，其建筑和花街铺地均采用梅花图案，四周园地则遍植梅花。荷花池中建有宋代的普同塔，雕刻精美。南厅和微音阁前各有一座石经幢，有上千年历史（图7-41）。石舫对岸的"浮筠阁"（图7-42）后是"竹枝山"。全园以翠竹为特色，有逸野堂、鸢飞鱼跃轩、小松岗、小云兜、戏鹅池、浮筠阁、松鹤园、鸳鸯湖、南翔壁、九曲桥、梅花厅、湖

图7-40　古猗园之白鹤亭

心亭、竹园等景点，各有特色。

　　1931年日寇侵占我国东北后，南翔镇爱国人士集资在园中土山上建造了一座四方的"补阙亭"。该亭只有三只角翘起，唯独在东北方向缺少一个角，寓意东北三省沦陷，以警醒民族之魂。

　　古猗园有五大特色：猗猗绿竹、幽幽曲水、明代石舫（图7-43）、诗词楹联和花石小路。园地几经扩建，如今面积已达10公顷，分为逸野堂、戏鹅池、松鹤园、青清园、鸳鸯湖（图7-44）、南翔壁6个景区，各具特色，散发着古朴素雅、清淡洗练的气质。园中保存完好的唐代经幢、宋

图7-41　古猗园之唐经幢

代普同塔，引人探古问胜。园内精致的亭台楼阁，茂雅的小轩长廊、石径曲水、盘槐古树、四季名卉，均别具风味，令人流连。

图7-42　古猗园之浮筠阁

图7-43　古猗园之不系舟（明代石舫）

图7-44 古猗园之鸳鸯湖

7.10 松江醉白池

位于上海市郊的松江醉白池为清顺治至康熙年间工部主事顾大申所建,园名取自苏轼《醉白堂记》。其前身为宋代松江进士朱之纯的私家宅园,名"谷阳园"。明末,松江著名书画家、礼部尚书董其昌曾在此地建造"疑舫"等建筑,广邀文人来园吟诗作赋。

图7-45 醉白池之洞门框景

醉白池的园林布局以池沼为中心,环池三面皆为曲廊亭榭,晴雨均可凭栏赏景(图7-45、图7-46)。园中池沼约600平方米,乱石堆砌池岸,别具一格。园内多樟树、银杏、女贞、桂花等古树名木。全园占地约5.4公顷,大

图7-46 醉白池之山池园景

致分为内园和外园。内园为园景之精华，庭院相接，亭台错落，长廊回环，清泓秀丽（图7-47、图7-48）。园林建筑包括堂、轩、亭、舫、榭等多种形式，有池上草堂（图7-49）、玉兰院、雕花厅、赏鹿厅、卧树轩等。园内廊壁和部分庭院里有较多石刻碑碣，成为该园特色之一。池南长廊的墙壁上，

图7-47 醉白池之"花露涵香"

嵌有《云间邦彦图》石刻28块，镌刻明清松江府属各县乡贤名士百余人之画像，画艺甚工。醉白池具有明清江南园林"山石清池相映、廊轩曲径相衬"的风格，又以水石精舍、古木繁花而驰名，士人游踪不断。

图7-48 醉白池之六角亭

图7-49 醉白池之"池上草堂"

7.11 青浦曲水园

曲水园位于上海青浦区,初建于清乾隆十年(1745),原为青浦城隍庙园,有"一文园"之称。园中兴建了有觉堂(图7-50)、得月轩、歌薰楼、迎晖阁,后又增建旱

图7-50 曲水园主厅"有觉堂"

舫、夕阳红半楼、凝和堂。乾隆四十九年(1784),园内拓展荷花池(图7-51),叠假山,筑曲水长堤,建涌翠亭、濯锦矶、喜雨桥、迎曦亭、恍对飞来亭、花神祠,取名为"灵园"。清嘉庆三年(1798)江苏学使刘云房应知县杨东屏之邀,在园中吟诗宴饮,见园临大盈浦,园内曲水萦回,取"曲水流殇"之意命名"曲水园"。全园景观布局以荷池为中心,池边

图7-51 曲水园荷池景观

散列着楼、亭、轩、桥等建筑，其间又点缀着长廊、山石、苍松、古藤，显得十分幽静。

全园共有24景，凝和堂为园景中心。堂中匾额初为清代名仕李鸿章所书，堂之东西两壁悬有近两米长大幅字画四条。凝和堂宏丽轩敞，堂前有小院，筑粉墙，设花坛，栽植女贞、金桂、白玉兰、白皮松等树木。从凝和堂东侧厅出芭蕉院门，右边即花神堂，旧名花神祠。原堂内塑有十二月令花神像，每年逢农历二月十五百花生日才开，以祀花神。南部有凝和堂、花神祠等；中部以荷花池为中心，临池有迎曦亭、小濠梁、喜寸桥等；北面假山连绵、奇峰异石。一石一水，一亭一阁，尽皆成趣。曲水园以幽雅著称，以水景取胜，建筑保持江南园林特色（图7-52~图7-54），厅堂均为青瓦墙，青砖拱门、圆门或长方门。亭台之顶皆有观象物，或葫芦顶，或花瓮顶，装饰讲究。园中百年以上古树有50多株。植物配置以竹为主，有紫竹、慈孝竹、刚竹、凤尾竹等。园路多为石板铺砌，曲径通幽，错综有致。

图7-52　曲水萦回绕园池　　　　图7-53　曲水园"恍对飞来亭"

图7-54　曲水园之"舟居非水舫"

7.12　嘉定秋霞圃

秋霞圃位于上海市嘉定区嘉定镇，园内建筑大多建于明代，而城隍庙则可上溯至宋代，是上海地区最古老的园林。秋霞圃始建于明代，为当时工部尚书龚弘的私人花园，有松风岭、鸟语堤、寒香室、数雨斋、桃花潭、洒雪廊诸胜景。清初龚氏子孙衰微，园归汪姓，始名"秋霞圃"；清雍正四年（1726）改归城隍庙。乾隆年间，与东邻沈氏东院合并，改建为城隍庙后花园。后多次遭破坏，现存建筑多为同治元年（1862）以后重建（图7-55）。

秋霞圃是一座具有独特风格的明代园林遗存，由三座私家园林和一座城隍庙合并而成，即：明代龚氏园、沈氏园、金氏园和邑庙（城隍庙）。全园面积约3公顷，分为四个景区：桃花潭景区（原龚氏园）、凝霞阁景区（原沈氏园）、清镜塘景区（原金氏园）及邑庙景区。全园布局紧凑，以工巧取胜，有亭台楼阁、华池曲径、茂林修竹、低栏板桥、断岸滴泉、

图7-55 秋霞圃之三隐堂

假山奇洞。园景布局以清水池塘为中心，石山环绕，古木参天，造园艺术独特。桃花潭景区的"池上草堂"，有"一堂静对移时久，胜似西湖十里长"的赞誉（图7-56、图7-57）。堂南的一副对联——"池上春光早丽日迟迟天朗气清惠风和畅，草堂霜气晴秋风飒飒水流花放疏雨相过"，将园内春秋两季的景色描绘得淋漓尽致。

桃花潭东侧的凝霞阁，是园中景色最佳处（图7-58）。沿凝霞阁内的"环翠轩"西行，有复廊式"碑廊"，搜集了17方明清碑刻。从西门入园有一个幽静的小庭院，院内从桂轩的四周遍植桂树，轩南置明代遗物"三星石"，取名"福、禄、寿"。园内一处建于1621年的"涉趣桥"横跨幽泉清溪，为市级文物。

相传园中清镜塘内银爪甲鱼味道特别鲜美，不知怎么传到乾隆皇帝耳边，皇帝便命人到嘉定的秋霞圃捕捉进贡。乾隆皇帝品尝后赞不绝口，秋霞圃清镜塘内的银爪甲鱼从此出名。园东部有一保存完好的城隍庙大殿和寝宫，是南宋嘉定年间建造，明洪武三年（1370）从南大街移建到此。

图7-56　秋霞圃之桃花潭

图7-57　秋霞圃之"舟而不游轩"

秋霞圃布局精致、环境幽雅、小巧玲珑（图7-59），景物与色彩的四季变化都不大，好像始终笼罩着一层淡淡的秋意，让人产生充满诗情画意的遐想。它与松江醉白池、上海豫园、南翔古猗园、青浦曲水园并称为"上海五大古典园林"。

图7-58　秋霞圃之凝霞阁

图7-59　秋霞圃之花瓶门

7.13　同里退思园

退思园位于靠近上海的吴江同里镇，始建于清光绪十一年（1885），园名取意自《左传》之句："进思尽忠，退思补过"（图7-60）。光绪十年（1884），园主任兰生（1837—1888）因遭人弹劾被革职，回乡建宅造园，取名"退思"以期补过。造园家袁龙诗文书画皆通，根据江南水乡特点，巧妙利用地形，用两年时间建成。全园占地不足6500平方米，运用了多种造园手法，构园得体，堪称精品。2000年，退思园被列入了《世界文化遗产名录》。

图7-60　同里退思园入口

退思园景观以水池为中心展开布局，建筑、假山沿水边布置，水面较开阔，而建筑体量均较小巧（图7-61、图7-62）。建筑多贴水而筑，突出了水面的汪洋之势。与江南其他园林相比，该园好像浮在水上，平添几分动感。退思草堂坐北朝南，隔池与"菰雨生凉""天桥""辛台"及"闹红一舸"相对（图7-63）。环池而筑的"九曲回廊"与草堂相连。园内有两处船舫，一个在池中，另一个在旱院中庭。在古代的江南水乡，船是主要的交通工具。园林中的石舫、旱

图7-61　退思园中部山池景观

船，是人们寄情于水的一种象征符号，表现了水乡文化的特征。全园布局紧凑，收放自如，空间韵律跌宕起伏，园林景观丰富多彩。

退思园主厅为临水而筑的"退思草堂"（图7-64、图7-65），造型端庄，装修华丽。园中住宅内外分设：外宅三进——轿厅、茶厅、正厅沿轴线布置，等级分明，主要用于会客、婚嫁和祭祖典礼。内宅有南北两幢五楼五底的跑马楼，名曰"畹多楼"，楼间由双重廊贯通。廊下设梯，既遮风雨，又主仆分开。内、外宅可分可合，布局紧凑。中庭为住宅的结尾，也是

图7-62　退思园山池中游鱼可数

图7-63　退思园中漂浮于水面的"闹红一舸"

住宅向花园的过渡。庭院以"坐春望月楼"为主体，楼的东部延伸至花园部分，设一不规则的五角形"揽胜阁"。楼前置一旱船，船头向东，直向"云烟锁钥"月洞门，宛如待航之舟，将人引向东部花园。庭前植香樟、玉兰，苍劲古朴。小院所用笔墨不多，却引人入胜，衔接自然。

图7-64 退思园临水而筑的主厅"退思草堂"及山池景观

图7-65 退思草堂内充满诗画意蕴的装饰陈设

第8章
中国岭南园林之精品赏析

8.1 岭南园林概观

岭南又名岭表、岭海、岭峤,顾名思义,即五岭以南之意,是五岭山脉组成的天然分界线以南的地区。据史书记载,秦始皇二十五年(前222)派大将任嚣领兵南下攻打岭南失利。后来,任嚣与赵佗率50万大军再次进入岭南征战,于秦始皇三十三年(前214)平定岭南地区并建立郡县。从此,"岭南"作为一个地域概念开始出现。汉代史官司马迁将"岭南"一词载入《史记》。

"南岭"是秦汉时期朝廷对楚国以南群山区域的总称。后人承其名,特指湘桂赣粤4省交界相连区的群山地域。"五岭"是南岭的代表性山脉,是长江水系中的"洞庭湖-鄱阳湖"水系与珠江水系的分水岭,以秦汉早期南下行军路线的五个相关战略驻地而命名,即越城岭、都庞岭、萌渚岭、骑田岭和大庾岭。古代南岭还是一条行政辖区的地理分界线:岭南是粤桂,属华南;岭北是湘赣,属江南。

历史上有文字记载的岭南地区行政建制是从秦代开始。秦始皇将岭南地区首次纳入统一王朝的版图。前214年,秦始皇派兵平定岭南部族后,设置南海郡、桂林郡和象郡,是中央政府在岭南地区设郡县制统治的开端。三郡的辖区范围大致相当于今广东、广西、海南和越南的中北部。其中,广东龙川是秦朝在岭南所设的第一个县城,县令为当时的秦军副帅赵佗。

秦末农民起义爆发,时任南海郡尉的赵佗利用中原动荡、朝廷无暇南顾的有利时机,于前204年在南海郡、桂林郡和象郡的地盘上建起独立割据的南越国,都城番禺(广州),自称南越武王(图8-1)。此后,南越国领土

图8-1　坐落在广东龙川县佗城南越王庙内的赵佗塑像

不断向南扩展，最盛时南端延伸到今越南北部红河三角洲。

　　秦汉时期，南越国以东还有一个相似的异姓诸侯国"闽越国"（前334—前110），其疆域是以闽江流域为中心，主要在今福建省境内，都城冶山（福州）。秦统一六国之前，闽越国就已经存在，国王无诸。后来，五代十国时期闽越国以北又出现了一个吴越国，都城钱塘（杭州）。其全盛时期的国土范围包括今上海、浙江、苏州全境和福建东北部，历三代五王近百年后纳土归宋。吴越地域孕育了中国享誉世界的文化遗产——江南古典园林，是地域性风景园林营造艺术的杰出范例。

　　汉武帝元鼎六年（前111）废南越国，重新将岭南地区划分为南海、郁林、苍梧、合浦、儋耳、珠崖、交趾、九真、日南九郡，范围相当于今广东、广西和越南中北部地区，设"交趾刺史部"管辖九郡，治所设在今越南河内一带，岭南地区全部被纳入朝廷的版图。

　　岭南作为一个政区的地理名称始于唐代。唐贞观元年，唐太宗将全国分为"十道"监察区，在南方设"岭南道"，治所在广州，辖73州、一都

图8-2　天南重地——雷州三元宫鉴池和元魁塔

护府、314县。唐玄宗开元年间，又将全国十道更改为十五道，岭南道皆为其一。唐懿宗咸通三年（862），岭南道再分为东、西两道，岭南东道治所广州，辖区相当于今广东和海南；岭南西道治所邕州（今南宁），辖区相当于今广西，兼领安南。"岭南"之名，一直沿用至今。岭南地区在唐代时均属岭南道，地域最大时包括今广东、广西、海南及安南（越南中北部地区）。

五代十国时期，南汉（917—971）刘龑在广州称帝，改广州为兴王府建立南汉政权割据岭南。同期，越南发生叛乱要求独立。北宋王朝无力平叛，越南遂作为中国的藩属国，将原属岭南道管辖的、以红河三角洲为中心的越南中北部地区分离了出去。宋太祖开宝四年（971）平定南汉后，在岭南地区设广南东路和广南西路，相当于今广东、广西和海南省的地域。广东、广西成为中国省级行政区域的名称由此开始。宋代以后，岭南的地域范围基本固定，沿袭至今，大致包括广西和广东及琼州（海南岛）。宋代大学士苏东坡被贬海南途中曾客居雷州，带动了雷州西湖及周边风景名胜的开发（图8-2）。

清代后期，由于帝国主义的野蛮侵略，外国列强割据了原属广东的香港和澳门作为租借地。1949年新中国成立后，岭南地区整体划为华南政区，与华中地区并称为"中南地区"。随着1988年海南岛建省和1997年香港、1999年澳门相继回归，岭南地域概念有所更新，现含2省1自治区2特区，即广东、海南、广西、香港、澳门。"岭南"作为传统意义上的地理名称，如今已与华南地区的地理版图一致。

广东是岭南园林的主要发源地，有大量精华之作。其中，历史最悠久、成就最突出、知度最高的园林形式便是庭园。按地区特点又可分为粤中庭园和粤东庭园等类别。粤中庭园多为住宅带园林，空间上有一定的分隔，使用功能相对独立；粤东庭园则多为宅旁园林，住宅与园林合为一体。还有一种在书斋前后附设的庭园，称作书斋庭园。

岭南地处北回归线两侧，为热带、亚热带季风气候，长年繁花似锦，又盛产英石、蜡石、钟乳石等景石材料，有良好的造园条件。因气候湿热，岭南人喜欢在住宅中设庭园调节小气候环境。不论城镇村落，宅内设庭蔚然成风，并与各式民居建筑融为一体。在庭园中，或摆置盆景，或培育莳花，或种蔬植果，或点石凿池。小庭常以明雅畅朗见长，大院则有高树深池藏荫。建造在城镇之外者，则有山居、别业、草堂、山房等雅称。岭南庭园按所引入的自然景物的不同，又有山庭、水庭、山水庭、花庭、平庭、荫庭等之分（图8-3）。

图8-3　广州余荫山房深柳堂水庭

图8-4 广东顺德清晖园装修华丽的回廊

岭南山水秀丽,层峦叠翠,又濒临沧海,环境风物别具特色。岭南人追求自然化、艺术化的园居生活。岭南庭园具有中国自然山水园的传统风格,又因地理环境、自然气候和乡土文化的影响而在布局形式、建筑装修、植物造景等方面独具地方特色。在造园形式上,岭南庭园体型轻盈、通透朴实、装修精美、色彩华丽(图8-4);同时大量运用木雕、砖雕、陶瓷、灰塑等民间工艺,门窗格扇、花罩漏窗等都精雕细刻。再镶上套色玻璃做成纹样图案,在光影的作用下仿佛一幅幅绚丽悦目的织锦。庭园布局形式和装饰构件受西方建筑文化的影响较多,反映出中西兼容的岭南文化特点。如中式传统建筑中采用罗马式的拱形门窗和巴洛克的柱头,用条石砌筑规整的水池,厅堂外设铸铁花架等。

岭南园林是中国岭南地区风景园林的概称,具有鲜明的地方特色。广义而言,它泛指发生在岭南地区的风景园林营造活动及相关作品;狭义而论,它代称在岭南地区营造的具有岭南文化与自然特色的风景园林实体,如"岭南四大名园"等。所以,岭南园林的基本内涵可视为基于当地自然条件和历史文化条件在岭南地区营造的风景园林,如岭南庭园就是岭南传统园林的主要形式。岭南园林的外延是中国热带园林营造的传统形式之一,可作为地带园林学中的特定类型。岭南地区位于地球热带北缘,属于热带园林的研究范畴。岭南园林是中国热带园林的重要组成部分。

通过文献研究,可将迄今为止国内外学术界对岭南园林风格的主流表述提炼为12个字:畅朗轻盈、兼容实用、精巧艳丽。其中,"畅朗轻盈"

主要指岭南园林建筑多采用轻盈通透的体型和空间布局。"兼容实用"特指岭南造园不拘一格，兼收并蓄，善于从社会生活实际需要出发使园林空间适体宜人，园景布置既参考苏杭园林，融入诗情画意，又吸取西洋手法。"精巧"，即传统岭南园林大都具有规模小、景象精、意境深的特点，在园林建筑、叠山塑石等方面精工巧制，秀美独特。"艳丽"，即岭南园林的总体景观色彩比较鲜艳秀丽。它既是四季花开、终年常绿的南亚热带花木配置所造成的特色，也是园林建筑多采用华丽装修所产生的结果（图8-5）。

图8-5　广州白天鹅宾馆"故乡水"中庭花园

　　岭南园林讲究营造空间画意和追求生活美感，求实兼蓄，精巧艳丽。岭南庭园山石造景突出观赏性，工艺精细、剔透玲珑，达到了令人"不看真山看假山"的审美境界。岭南园林水景营造更是兼容了中西文化风格，注重"经世致用"，多为规则的几何形水池。山石不高却峰峦起伏，池水不广却步移景换。

　　所以，岭南园林的艺术特色具体表现在以下4个方面：

　　①自由随意、精炼简洁的山水布局；

　　②畅朗轻盈、虚实相映的建筑格调；

　　③连房广厦、通爽导风的院落设计；

　　④花繁荫浓、鱼鸟依人的生态环境。

　　此外，还有一些建筑装修和绿化布置上的特有手法与材料，如石湾琉璃瓦件、潮州漆金木雕、东莞大青砖、套色刻花玻璃、广式红木家具以及岭南盆景、花木等各种摆设，更增添了岭南园林的景观特色。生活、游憩于其中，真使人感觉轻松惬意，流连忘返。顺天理，应时道，从人情，重实效，这便是岭南园林艺术所遵循的基本发展规律。

8.2　顺德清晖园

清晖园位于佛山市顺德区大良镇（图8-6），面积约6600平方米，建于清嘉庆年间，园址原为明末状元黄士俊的府第花园。清乾隆年间，顺德人龙应时（字云麓）得中进士后购进该园，后传于其子龙廷槐和龙廷梓。龙廷槐曾任翰林编修、记名御史。嘉庆五年（1800）辞官南归，居家建园。嘉庆十一年（1806），其子龙元任请江苏武进进士、书法家李兆洛书写了"清晖"园名，意取"谁言寸草心，报得三春晖"，以喻父母之恩如日光和煦照耀。

清晖园结构清晰，前部为庭园，后部为居室，布局错落，外旷内幽。全园由南而北大致分为三个区：前庭以长方形水池为中心，边设澄漪亭、六角亭、长廊、碧溪草堂等景点建筑，空间畅朗清明；中庭以船厅、惜阴

图8-6　清晖园入口八角水庭

书屋、真砚斋为主景，厅敞栏疏，径畅台净，浓荫匝地，即步可吟；后庭设蕉园、竹苑、归寄庐和笔生花馆，楼屋鳞毗，巷院兼通，花木扶疏，山石俏丽。

园内主景建筑"船厅"是仿照珠江上"紫洞艇"建造的双层楼舫，平面像舫，立面像

图8-7　清晖园主景建筑"船厅"

楼，体型秀丽，装修华美（图8-7）。船舷走道以水波纹的栏杆装饰，前舱和中舱用芭蕉图案的镂空木雕挂落间隔，两面窗格饰以木雕竹叶图案，船身紧靠池塘，与池上景物互相资借，仿佛船舫泊于蕉影浓密、竹丛摇曳的水乡之中，意趣盎然。园中的主要观赏石景为"狮山"，设在中庭小花园内，均为英石叠砌。石景由一个大狮作主峰，两个小狮作次峰，故称"三狮会球"。

与船厅隔池相对的"碧溪草堂"，以大型木雕为门，镂空做出一丛竹树，枝节劲秀，密叶纷披，中留圆门进出；两侧窗门格扇上端满刻96个不同写法的"寿"字，有隶书、篆书和以花鸟虫鱼演化成的象形文字，称"百寿图"，形象各异，别具匠心。格扇下槛墙上刻有清道光年间所题的"轻烟抱露"砖雕竹石画，画中题词为："未出土时先引节，凌云到处也无心"。园中还点缀有素馨、玉兰、木棉、银杏、紫藤、米兰、龙眼、荔枝、芭蕉、竹子、鸡蛋花等观赏植物，四季花香果美，绿荫婆娑，清雅晖盈。

清晖园是岭南园林的杰出代表。园内水木清华，妙联佳句、艺术精品比比皆是，俯仰可得。清晖园的清雅，除了体现在名字上，更多见于那一色的青砖灰瓦、绿树白花（图8-8、图8-9）。此外，清晖园的风雅还透过历代名士才子的轻吟浅唱、诗词华章，动人心弦。2013年，清晖园被列入第七批全国重点文物保护单位。

图8-8 清晖园"惜阴书屋"

图8-9 清晖园的英石假山"斗洞"

8.3 佛山梁园

岭南园林中以石景为主题造园最著名者，当推位于佛山松桂里先锋古道的"梁园"。梁园是清代佛山梁氏宅园的总称，园址原是明太守程可则的宅园。清嘉庆、道光年间（1796—1850），顺德人梁蔼如、梁九章、梁九华、梁九图叔侄四人将其辟为"十二石斋""群星草堂""汾江草庐""寒香馆"等多组建筑庭园（图8-10），占地总面积约13.3公顷。

梁蔼如，进士及第，官至内阁中书，精通诗赋，善于书画，天性淡泊，不慕功名，辞官归故里后，于嘉庆末年在松桂里筑"无怠懈斋"以娱晚年。梁九章，嘉庆二十一年乡试选调国史馆誊录，后为四川布政司知州，善画梅，精书法，喜鉴藏，道光年间在西贤里筑"寒香馆"。馆内树石幽雅，遍植梅花。

群星草堂建于清道光年间，园主为梁九华，官至大理事主事，喜好书画，晚年好石。群星草堂为三进建筑，回廊天井，九脊屋盖，砖、木、石结构，外观古朴清雅。草堂北面有"秋爽轩"，旁有"船厅"，荷池对岸为二层的"笠亭"。园内百年古树苍劲挺拔，奇石形状万千，立如危峰险

图8-10 梁园"荷香小榭"

峻，卧似怪兽踞蹲。其中的"苏武牧羊""雄狮昂首""如意吉祥"更为景石中的稀品。

梁园内有秋爽轩、船厅、石拱桥、紫藤花馆、一览亭等园林建筑，收集了各种形态的立石、卧石，极丘壑之胜。清代进士梁九图（字福草）曾在园中辟室读书，题书斋为"十二石山斋"，自称"十二石山人"。据番禺诗人张维屏《十二石山斋记》载："福草游衡湘归，舟过清远，得十二石。其色纯黄，巨者高二尺许，小者亦为径尺。其状有若峰峦者，有若陂塘者，有若溪涧瀑布者，有若峻坂峭壁者，有若岩壑磴道者。福草载石归，以七星岩石盘贮水蓄于斋前，并颜所居曰'十二石山斋'"（图8-11）。

梁九图曾作《自题十二石斋》诗道："衡岳归来兴未阑，壶中蓄石当烟鬟。登高腰脚输人健，不看真山看假山。"这12块珍石于斋前内庭起卧有序、峰岭互应，构成散放景石的特有布局。对此，古人有诗赞曰："瘦骨苍根各自奇，碧栏十二影参差。平章妙出诗人手，半傍书帷半墨池。"梁九图还建有"汾江草庐"，为词人雅集之觞咏地，骚人墨客一起"诗酒唱酬，提倡风雅"。园以湖池为中心，筑有石舫、个轩、笠亭等，堤上韵桥若彩虹之跨明镜（图8-12、图8-13）。

图8-11 梁园十二石斋石庭

图8-12　梁园之群星草堂荷池"笠亭"

图8-13　梁园之一水画堤"韵桥"

8.4 番禺余荫山房

位于广州番禺的余荫山房又称"余荫园",建成于清同治六年(1867)。园主邬彬为清代举人,官至刑部主事,任七品员外郎。邬彬告老还乡后,为纪念先祖德荫兴建园林,取"余荫"为园名,祈望子孙后代能永泽先祖的福荫。因该园地处偏僻的岗地之上,故用较为朴素的"山房"名之以示谦逊。全园占地约1598平方米,布局精巧,藏而不露,小中见大,景象万千。园内山池、建筑、花木空间配置有序,园中有园,景外有景。

图8-14 余荫山房之"临池别馆"

图8-15 余荫山房"玲珑水榭"的华丽内饰

全园分东、西两庭,门前植竹栽柳,形成一幅"竹映风摇帘卷翠"的障景,将园中景色隐入"绿云深处"。入门后但见四时花果,古木挺秀,花树争辉,碧水涟漪。西庭筑长方形莲池,池北为园中正厅"深柳堂",有联曰:"鸿爪为谁忙忍抛故里园林春花几度秋花几度;蜗居容我寄愿集名流笠屐旧雨同来今雨同来"。池南有"临池别馆"呼应,前出回廊,凭栏可赏水中红莲,亦有联曰:"别馆恰临池洗砚有时鸥可狎,回廊宜步月寻诗不觉鹤相随"(图8-14)。东庭砌八角形环池,池心结石为台基,上筑"玲珑水榭",窗开八面(图8-15),以曲廊跨池连接"听雨轩",原为主人煮酒论文、吟风弄月之所。

池外叠石种花，气象
幽深。

　　园主在东西两庭
中间布置廊桥巧妙分隔
空间，借景造景，匠心
独运。廊桥造型优美，
雕饰华丽，中段耸起一
座四角飞檐的亭盖，桥
洞恰如飞虹拱月。廊柱
上题联曰："风送荷香
归院北；月移花影过桥
西"。每到春末夏初，
绿荫染指，落英缤纷，
上桥如入画境，故取桥
名"浣红跨绿"，极
富诗意（图8-16）。另
有"来薰亭"半身倚
墙，"孔雀亭"（内养
孔雀）跨水而设（图
8-17），"卧瓠庐"幽
僻北隅，"杨柳楼台"
沟通内外，近观南山
第一峰，远接莲花古
塔影。

图8-16　余荫山房"浣红跨绿"桥廊

图8-17　余荫山房庭院中花台栏杆与孔雀亭

　　尤为令人称道的是园中主厅"深柳堂"细部装饰高雅精致。堂前两
壁满州窗古色古香；厅上两幅大型漏空木雕花罩"松鹤延年"和"松鼠菩
提"，玲珑剔透，栩栩如生；侧厢32幅桃木雕画格，碧纱橱里几扇紫檀雕
屏风，皆为著名的木雕绝品，刀法细如牙雕，装配着名人诗画书法，珍贵
且雅致。园中虚实相映、回环幽深的亭台池馆、山石花木（图8-18），借

图8-18 余荫山房回环幽深
的亭台池馆、山石花木

助诗文题咏的点染开拓，达到了隐小若大、静中有动的审美效果。余荫山房的造园意境恰如门联所题："余地三弓红雨足；荫天一角绿云深"，令人遐思无穷。

8.5 东莞可园

可园位于东莞市城区，1850年始建，1864年落成。园主张敬修早年投笔从军，曾任广西、江西按察使，后因伤病辞官返乡，隐居可园。建园之初，他请了岭南山水画家居廉、居巢兄弟等名士做参谋，确立"水流云自返，随意偶成筑"的造园主旨，主张建园造景应似行云流水，自然而然，不必矫揉造作，随意偶成即可（图8-19）。

可园筑于可湖旁，如浮水面，临湖设有"博溪渔隐"游廊。园地面积仅2204平方米，呈不规则的多边形。园内建筑布局不讲究轴线对位关系，占边把角，回环曲折。有一楼、五亭、六阁、十五房、十九厅，平面灵活多变，立面高低错落，沿墙设以曲折游廊，中庭缀以山池花木，园景构图自由活泼（图8-20）。

入口前庭不用常规的照壁，而作卷棚屋面的"听秋居"楼阁；门厅邻室不作一般的迎客厅堂处理，而是构筑半亭式"擘红小榭"和意构风野的"草草草堂"。内庭置曲尺形水池于双清室前，设一板桥相渡，构成"一曲蓄烟波，风荷便成赏。小桥如野航，恰受人三两。"的幽雅景观。在曲池与攀红小榭间，点缀简朴泉井，既应生活所需，又得乡居野趣。

图8-19　东莞可园入口门联

可园主庭叠山为景，以当地的海珊瑚石砌筑假山"狮子上楼台"，造型别致风趣（图8-21）。山中"瑶仙洞"，石级弯弯，通上"拜月亭"。正厅可堂有意若处偏旁，做出所谓"新堂成负廊，水木恰幽偏"的局面。为因借园外景色，又加可楼于可堂之上，并在园西的可轩之上重楼架屋，建了高达15.6米的"邀山阁"使远近诸山、沙鸟江帆，"莫不奔赴、环立于烟树出没之中……去来于笔砚几席之上"（张敬修：《可楼记》）。"览远畅怀，居幽志广"，是园主所追求的园景意境（图8-22、图8-23）。

图8-20　可园中庭兰花圃

图8-21　可园中部庭院和拜月台

图8-22　可园双清室和邀山阁

图8-23　可园双清室旁曲尺形水池

图8-24　可园可亭借景园外的可湖

　　可园建筑群傍可湖而立，雏月池馆船厅二楼为园主书房，星夜眺望可湖，湖光皎月，夜色甚美。从船厅右行可沿曲桥至湖心"可亭"（图8-24），左边可穿门洞至"观鱼籐"和钓鱼台，并有步级与水面相衔，阶前备有"渔父浮家"的可舟，可遨游烟水佳色之间。园中还有环碧廊、滋树台、花之径、问花小院、诗窝、可亭、可舟、花隐园、绿绮楼等景点，相地合宜，构园得体，景到随机。园主以"幽""畅"为题在庭园中经营耕耘，忙则读书治学，闲可观鱼垂钓；融汇岭南画意，自成完美一格。清末著名岭南派画家居巢对可园的造园意境大为赞赏，欣然题诗曰："沙堤花碙路，高柳一行疏。红窗钩车响，真似钓人居。"

8.6　开平立园

　　开平立园坐落在广东开平塘口镇庚华村，园地坐西向东，面积约11014平方米，园主是旅美华侨谢维立先生。造园过程历时10年，于1936年落成。全园布局分三部分：小花园、大花园和别墅区，分别用河涌和围墙分隔，形成各自相对独立的功能区。三区之间用桥亭及通天回廊巧妙连成一体，令人感到园中有园，景中有景（图8-25）。

立园内的亭台楼榭、花草树木布局幽雅，独具匠心，巧夺天工。大花园南边是虎山，由两个小山头组成。园内古木参天，浓荫蔽日，曲径通幽。小花园与大花园以河涌相隔，以桥相连，桥上凉亭水榭，周围果树环绕，鸟语花香，生机勃勃，趣味盎然。别墅区内建有6栋别墅和一座碉楼，建筑外形风格独特，有浓厚的西洋风味。园林建筑以西洋风格为主（图8-26），平面布局多采用规整对称的几何形图案构图。

立园题名有"立树立人"的含意，为书法家吴道熔于民国二十三年（1934）书写，笔锋柔中带刚，书法潇洒圆润（图8-27）。入正门，沿运河回廊西行约100米便进别墅区，但见一组中西合璧、风格独特的别墅和碉楼，其中以"泮文"和"泮立"两座最为富丽堂皇。其建筑柱式采用希腊式圆柱和古罗马式的艺术雕刻，门窗装饰具有浓厚的西洋风味；而屋顶又全是中国宫殿式风格：绿色琉璃瓦、壮观的龙脊、飘逸的檐角、栩栩如生的吻兽。中西风格和谐糅合，呈现出独特的艺术美感。

图8-25 开平立园大小花园之间的河涌景廊

图8-26　开平立园中西合璧风格的别墅建筑

图8-27　开平立园的大花园"本立道生"牌楼

　　大花园区位于别墅区西边，坐北朝南，以"立园"大牌坊和"修身立本"牌楼为轴线构图布局。"立园"大牌坊宽11.5米，高11米，坊顶为绿瓦吊檐式，立柱用洗米石装饰，工艺精湛，气势雄伟壮观，是牌坊中的珍品。"修身立本"牌楼顶部为中国传统形式，脊上塑着双鳌争珠，四龙走斜边，气势非凡，寓意独占鳌头，鼓励后人努力学习，勤奋上进，体现中国根深蒂固的求学风气。

　　立园既有中国古典园林韵味，又吸收欧美建筑园林的西洋情调，兼收并蓄。花园设计主要采用西方造园手法，如中轴对称布局，几何形平面构图，建筑造型风格中西合璧（图8-28、图8-29）等，特色鲜明。因此，立园在中国华侨私家园林中堪称一流，成为岭南近代名园之一。

图8-28 开平立园"鸟巢"　　　　图8-29 开平立园"花藤亭"

8.7 澳门加思栏花园

加思栏花园又名"南湾花园"，位于澳门半岛家辣堂街与兵营斜巷、南湾大马路及东望洋新街之间（图8-30），总平面呈"L"形，1865年建成开放时面积约9138平方米，现存6191平方米。它不仅是澳门的第一座公园，也是近代中国城市建设的首个公园，具有特殊的历史地位和文化价值。

加思栏花园原址是卡斯蒂利亚（西班牙）方济各会会士于1580年2月2日建立的圣方济各修道院。1861年修道院被拆除，修道院原有的绿地对外开放。经苏雅士（Matias Soares）设计监工，建设成为一处适宜市民休闲活动、环境优美的城市花园。花园的名称亦源自修会的葡萄牙语名字，音译应是"法栏思加"。明末清初，一位官员来澳门视察修道院时，葡萄牙神父在翻译花园名称时省去了"法"字，写成"栏思加"。因传统中文的读字顺序是从右向左，结果读成"加思栏"，沿用至今。

加思栏花园是中西文化交融的产物，规划布局依地势分为三层，既有西方园林的特点，又含中国古典园林的元素。花园四周筑有围墙和栏杆，

图8-30 澳门加思栏花园

图8-31 1890年加思栏花园中部音乐亭周边园景

园中设有音乐台，成为澳门上流社会人士聚首之地。游人在园内不但可以闲谈、漫步、聚会、阅览，还可以欣赏到如画的南湾海景，聆听到音乐台的悠扬乐声（图8-31）。花园设计充分尊重了东望洋山的自然地形，采用类似南欧台地园式的园林布局。游人沿着花园小径散步和站在不同高度的花园台阶上逗留，可以同时欣赏到花园景观和东望洋山的自然风景。

花园西部的八角亭，具有中西合璧的建筑装饰风格，为澳门首个公共图书馆（图8-32）。园中主景建筑"一战阵亡将士纪念塔"（图8-33），现为澳门伤残人士协会所用。三层台地园及底层的欧式墙园，形式新颖，搭配墙垣前的喷水池，构成独特的园景。它们都是花园最早期的建筑物。园中的古树名木冠大荫浓，盘根错节，与建筑结合形成了独具一格的历史景观（图8-34）。

图8-32 加思栏花园八角亭图书馆

图8-33 加思栏花园一战阵亡将士纪念塔

图8-34　加思栏花园的三层台地园

图8-35　加思栏花园的花坛街景

　　加思栏花园是澳门的地标性景观之一，蕴含浓厚的历史底蕴和人文价值。全园采用规则与自然相结合的混合式布局，由街道花园的规则几何形构图逐渐向台地花园的自由布局递近，园景空间从完全开敞向半封闭过渡，植物配置形式也呈现多样性。首先是前广场的规则式整形种植，以彩色的观叶植物作材料，修剪成几何形色块，组成精美的花纹图案，局部再搭配些色彩艳丽的花卉作点缀，极富装饰效果（图8-35）。而在台地花园部分，植物配置多为简洁的自然群落式，局部也有采用规则图形，但是人工修剪的力度有所减弱。绿树掩映，花木扶疏，使花园虽处闹市，环境氛围却十分幽静安逸。

在建筑装饰方面，加思栏花园的南欧风格尤为明显，体现出中西合璧的文化内涵。沿台地拾阶而上，粉红色的矮墙配以绿色宝瓶状栏杆，漩涡状样式装点的扶壁等，欧式情调显而易见。花园前广场的八角亭图书馆整体表现为中式，但细观其构件及装饰细部，也有典型的西式元素。

图8-36 加思栏花园的葡式墙园（Wall Garden）

图8-37 加思栏花园的葡式碎石铺地

加思栏花园的主要艺术风格沿袭了葡萄牙园林的特色，将鲜艳活泼、富有本土特色的澳门红作为主色调，配以白色的装饰线条（图8-36）。花园中所有的景观元素，除了植物及一些服务设施，几乎都运用这两种颜色。园路铺装使用的也是黑白两色的搭配，白色碎石为底图背景，黑色碎石则拼成各式图案（图8-37），有欧洲几何装饰图案纹样的，有海洋动物图案纹样的、有抽象图案纹样的等，展现出浓厚的葡国风情。如此简约的色彩处理，不但让花园艺术风格更加突出，也使人对花园的印象更为鲜明深刻。

8.8　澳门卢廉若公园

图8-38　卢园入口景门

　　澳门卢廉若公园原称"卢园"，园主卢九（原名卢华绍，1848—1907）是清末澳门富商，被誉为澳门第一代赌王。卢九家族为了当时澳门的社会稳定与经济繁荣，在改善华商营商环境、救济贫困等方面做出了重要贡献。

　　卢九先生于1870年购入园地约2.26公顷，1889年在园址北部建造洋楼，1903年具体筹建园林。1904年，卢九长子卢廉若聘请广东香山画师刘光廉设计造园，于1925年完成（图8-38）。园仿竹石山房，游廊仿颐和园，亭台楼阁，池塘桥榭，装饰华丽，尽态极妍。清末举人汪兆镛曾在《澳门杂诗》中咏叹卢园："竹石清出曲径通，名园不数小玲珑。荷花风露梅花雪，浅醉时来一倚筇。"由此可略窥当时卢园的旖旎风貌。

　　20世纪初叶，卢园成为澳门华人上流社会、文人雅士的交际场所。1912年5月，孙中山先生在回故乡途中在澳门停留了三天，下榻卢园。他在卢园春草堂会见了中葡各界名流，其中就有当时的葡萄牙政府驻澳门总督。1927年卢廉若猝逝后，卢家败落，宅地分散。园北卢廉若洋楼成为培正中学用地，西侧隐园及卢煊仲洋楼被拆除建造住宅地产，仅余后花园主体部分。1973年，该后花园主体部分由原业主——港澳名人何贤半卖半送给了澳葡当局，并得培正中学腾出九曲桥一角，经修葺后于1974年9月28日开放为大众游憩公园。

　　卢园是澳门现存唯一具有中国古典园林风格的近代花园，既沿袭了岭南造园艺术特色，又融合了葡式建筑装饰风格。全园精华为主庭，以春草堂、荷花池为中心布局园景，构成内向游赏空间和闭合回环的景观游线。

在荷花池周边，营造了高低错落、疏密有致、层次丰富的园景，如挹翠亭、碧香亭、人寿亭和玲珑山等（图8-39）。荷花池中还用碎石堆成"送子观音"立像，别有情趣。

卢园的景观空间变化丰富。月门正面题有"屏山镜海"，背面则有"心清闻妙香"，出自杜少陵的《大云寺赞公房四首》，充满禅意，令人遐想。进月门后是一条曲折而狭窄的竹径，通往面向荷池的春草堂（图8-40、图8-41）。曲径两边浓密竹丛使空间更显幽深。行至春草堂前突然见到一片宽广水面，令人顿觉空间豁然开朗。春草堂为全园的中心建筑，曾是园主举行家族活动和宴会宾客之处，孙中山先生曾在此会见澳门友人。在九曲桥和碧香亭南侧，原有"竹斋"茅亭。钓鱼台旁有"人寿亭"，周围竹林萦绕、诗意盎然。主庭东南角的梅山上建有一座梅亭供作礼佛之用，梅树环绕，暗香飘逸。在卢园主庭的西南部还有古榕参天、四面环水的"挹翠亭"，原名"兰亭"，与近处的兰圃相呼应。

关于20世纪初卢园的盛况，《澳门掌故》有载："进园，则圆门当

图8-39 卢园碧香亭

图8-40 卢园春草堂观景台

图8-41　卢园主厅春草堂

图8-42　卢园中用于分隔空间的假山石景

图8-43　卢园富有中国古典园林艺术韵味的园路景墙装饰

道，曲径通幽。荷池上，九曲桥回；竹斋前，千篇屏障；运来四川石笋，种成五百梅花，郇厨餐厅，常餍仕绅政客；书房画阁，时来耆宿文人。"卢园完美地体现了20世纪初澳门华商阶层的审美情趣，注重园居生活的实用性，偏好装饰多样、色彩绚丽的效果以及通俗易懂的园景典故等（图8-42、图8-43），整体观感上比较自然朴实、平易近人。同时，它也体现出文人造园师刘光廉对中国古典园林诗情画意和高远意境的艺术追求，成为岭南近代名园。

8.9　广州兰圃

　　广州兰圃位于越秀区解放北路，面积约4公顷，景色秀丽、清香飘逸。兰圃始建于1951年，原为"广州植物标本园"。经老一辈岭南园林艺术家的精心雕琢，1957年始建国内早期的兰花专类园，1962年更名"兰圃"，1976年对外开放。经过多年精心培育，兰圃已成为具有岭南园林艺术特色的现代园林杰作之一，是以栽培、观赏兰花为主的专类园。

兰圃在建园之初就受到朱德、叶剑英、董必武、陶铸等老一辈国家领导人的关注，朱德委员长曾多次亲

图8-44　广州兰圃入口圆门

临兰圃指导工作，还将自己培育的兰花作为礼物赠送给兰圃并题词留念。经过造园匠师的精心培育，兰圃已成为凝聚岭南园林艺术特色、以栽培观赏兰花为主的专类园，是享誉中外的岭南现代园林杰作。

兰圃在国内外拥有很高的知名度，是深藏在茂林修竹中兰香四溢的城市花园，曾经接待了不少中外名人，获得了很高评价。

兰圃园地较为狭长，宽约85米，长约300米，四周皆为闹市，声音喧哗，景致纷杂。造园家因地制宜运用艺术手法，创作出一处清雅兰质、含蓄隐秀的花园。走进兰圃，满眼可见藤萝兰草，竹木葱茏（图8-44）。全园植物景观丰富，在狭长的地段上营造了多层次、多主题的兰花观赏空间。游园仿佛身临山野，幽深而静雅，百游不厌。园中选用的兰科等植物品种繁多，均按其生态习性进行配置。尤其是一些耐荫性较强的观赏植物，做到适地适树并处理好种间关系，形成相对稳定的园林植物群落景观。

兰圃以驷马涌为界分东、西园区，东部是以栽培兰花为主的专类花园，西部是芳华园和明镜阁两个园中园。全园采用中国古典园林营造技法，由南至北设置了若干各具特色的景区，相互之间既分隔、又联系，层

图8-45　兰圃中的兰棚与园路

次分明。园路曲折迂回，步移景异；建筑小巧精致，大方得体（图8-45、图8-46）。园中"芳华园"是1983年广州市园林局代表中国参加慕尼黑国际园艺博览会的样板园，荣获"德意志联邦共和国大金奖"和"联邦德国园艺建设中央联合会大金质奖"。

兰圃总体布局以风景游线组景，用水系贯通景区。造园家将园路游线化直为曲，把竹篱茅舍（图8-47）、芳华园、同馨厅、明镜阁、惜阴轩等景点巧妙地布置在狭长的场地内。园内建筑及装饰细部取法岭南传统工艺，突出广东特色。整体布局借法古典园林，通过植物与景墙的虚实分

图8-46　兰圃园景——兰生香满路

隔，大量运用对景、借景、框景、障景等手法达到步移景异、小中见大的效果。如以月洞门、植物组群、建筑漏窗等构成框景，在岔路口布置石灯笼点景和对景，烘托各种兰花植物形成的主景，再用不同色泽和叶形的花木构建层次

图8-47 兰圃中的游赏服务建筑"茅舍"

丰富的植物群落。全园建筑上的木雕、砖雕及刻花玻璃均以岭南花果为创作原型，建筑基座、月梁、雀替、通花也采用岭南传统灰塑、砖雕、石刻工艺。园内除兰花主景外，还搭配松竹柏、花灌木和棕榈科植物，形成"静""秀""趣""雅"的园林风格。

兰圃中的"芳华园"约540平方米，造园设计以岭南园林风格为基础，兼容一些皇家园林元素，布置成一个单环路的自然山水园。入口辟有前庭，正面粉墙上镶着一扇砖刻大漏花窗，园内景致既障又透，若隐若现，欲扬先抑，引发游兴。墙上刻有"芳华园"门标，旁置迎宾英石（图8-48）。入园门即达亲水平台，设有石栏一环，移步台前，隔水对景定舫，山池全貌跃然眼前。环湖四望，亭、钓台、船厅三足鼎立，互为对景，缤纷园景序列展现（图8-49）。园中采用岭南木雕、砖雕、刻花玻璃、琉璃花窗、琉璃瓦等装饰园林建筑，配置中国传统花木，如松、竹、梅、芙蓉、丹桂、玉兰、紫藤、槐、柳、迎春、桃、石榴、紫薇、牡丹、丁香、连翘等，还有一些热带植物，形成轻巧明朗，花木繁茂，瑰丽多姿的园林空间。芳华园传承了岭南园林传统风格，因地制宜叠山理水，巧用建筑、植物和石景构园，并充分融入诗情画意。

芳华园是历史上中国造园家首次夺得国际园林园艺会展金牌的艺术作品，成为现代中国园林营造技艺走向世界的里程碑。

图8-48 兰圃中的芳华园入口

图8-49 芳华园主景水池和临碧船厅

8.10　粤晖园

　　1999年5月—10月，由国际展览局和国际园艺生产者协会主办、中国政府承办的昆明世界园艺博览会盛况空前，圆满成功。在180天展期内，入园参观人数超过1000万，让世界人民领略了中国园林艺术的博大精深。在这次世纪博览盛会上，由广东省政府送展的"粤晖园"赢得室外造园综合竞赛冠军，荣获"最佳展出奖"。

　　粤晖园是表现岭南园林艺术特色的精品之作，总体构思是营造一个将岭南园林传统特色与现代审美情趣相结合的自然山水园。全园场地面积1518平方米，巧借地形凿池叠山，以高低错落的水体组景，点缀艺术雕塑，突出园林建筑与亚热带花木的南国风情，表现融汇中西的岭南文化内涵和清雅晖盈的造园意境（图8-50、图8-51）。

　　粤晖园的造园布局做到了"巧于因借，精在体宜"，巧妙运用园林建筑和雕塑艺术表现岭南园林"精巧秀丽"和"兼容并蓄"的景观特色。全园以自然形水池和船厅为构图中心展开景观序列，用一组精美的英石假山溪涧和瀑布涌泉来寓意珠江源头景观。园中设置水池和船厅表现珠三角水

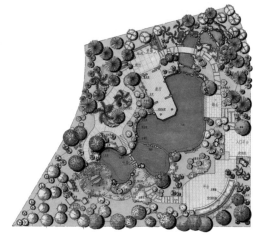

图8-50　粤晖园的黄蜡石门标　　　图8-51　粤晖园的平面布局

乡特点，临池溪涧和英石假山"琴韵"参照岭南庭园的传统形制营造，水池塑石坝中嵌入青铜群雕"情溢珠江"，表现南粤儿女热爱大自然的生活情趣。雕塑以3名在水岸边嬉水沐浴的美丽少女形象，寓意珠江的三条支流——东江、西江和北江。这种把西方古典主义雕塑手法与中国自然山水园形式相结合的构思，充分体现了岭南园林艺术的兼收并蓄特点。此外，园中设弧形雕塑墙"六月船歌"，再现珠江三角洲民俗风情。"枕碧"船厅和"垂缨缀玉"石

图8-52　粤晖园模拟珠江源头的英石叠山"琴韵"

图8-53　粤晖园造型精美的主景建筑"枕碧"船舫

庭，取材于粤中民居的形象语汇，荟萃木雕、石雕、砖雕、陶塑及花卉装饰等精巧的民间工艺。船厅柱联题曰"粤海风清一船驻景，滇池春暖万卉迎晖"，状物抒情，画龙点睛（图8-52~图8-54）。

粤晖园充分运用观赏植物和叠石水景，表现岭南园林艺术"精巧艳丽"的营造风格。在种植设计方面，主要运用亚热带花木品种，如大王椰子、短穗鱼尾葵、林刺葵、金山葵、附生榕、垂叶榕、黄槐、大花紫薇、美丽异木棉、马六甲蒲桃、南洋杉等，配植洒金榕、花叶良姜、希茉莉、朱槿、三角梅、金露花、日本女贞等色叶灌木。同时，在建筑石庭里配置攀缘植物、附生植物和观叶植物，如蕨类、气生兰等，使石庭花开不断，

生机盎然。

　　粤晖园在营造园景时巧用诗文点染和历史传说，表现岭南园林"务实求乐"的文化内涵，拓展"清雅晖盈"的造园主题，多维度地将诗情画意写入园林。园内的主要景点均有赋名或题联，如"枕碧"船舫门联题为"湖舫影筛秋半月，园花锦簇岭南春"；临水半亭柱联横批为"粤海风华"；兰蕙芬芳的石庭题刻"垂缨缀玉"；秀丽多姿的叠石题名"琴韵"等；文采洋溢，点景抒情，深化了造园意境。此外，粤晖园在生物多样性方面亦表现不俗：繁花铺地、绿荫婆娑、鱼鸟依人。粤晖园既是岭南园林传承和发扬地域文化传统的佳作，也是岭南园林艺术赢得世界同行赞许的重要里程碑（图8-55）。

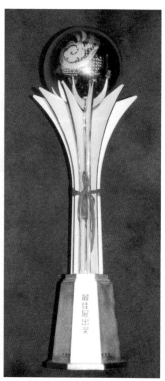

图8-54　粤晖园主景雕塑"情溢珠江"　　　　图8-55　粤晖园参赛夺冠赢得奖杯

第9章
中国园林艺术的主要特色

中国园林艺术将自然景观和人造的山水以及植物、建筑、诗画等造园要素融为一体，构成赏心悦目的游赏空间环境，是中国传统建筑中综合性最强、艺术性最高的一种类型（图9-1、图9-2）。其艺术魅力，历千年而不衰，受到世界人民的喜爱。

宏观而论，中国园林艺术的主要特色体现在以下五个方面。

图9-1 [宋] 夏圭《观瀑图》

图9-2 承德避暑山庄结合水工建筑功能营造的水心榭

9.1　崇尚自然，寄情山水

图9-3　[明]　沈周《庐山图》

中国古典园林的基本艺术形式是自然山水园。"师法自然"是一脉相承的造园法则。中国古典园林的艺术创作，集中体现了中国人追求自然美和生活美的世界观和价值观。中国园林以生动多样的物质空间形态和园景形象，反映了不同时代园主的生活方式与审美理想。

自然界中凡能构成美丽风景的地方，一般都离不开山水形象。有山有水，或山环水抱，或山水相映，方显出自然风景的妩媚动人。恰如中国古代的画论所说："山以水为血脉，以草木为毛发，以烟云为神采。故山得水而活……水以山为面……故水得山而媚"（郭熙《林泉高致》）。名甲天下的桂林风景之所以令人神往，不仅因为它有拔地而起的秀美石山，也伴有清澈见

底、游鱼可数的漓江水美。"江作青罗带，山如碧玉簪。"山水相依，方产生了迷人的风景魅力。在中国的文化概念中，"山水"已成为自然风景的代名词，以描绘自然风景之美见长的中国画（图9-3），俗称为"山水画"。崇尚自然，寄情山水，是中国人自古以来的审美价值取向。所以，

在主要利用砂石、水土、植物等天然材料进行的园林营造活动中，掇山和理水就成为必要的造园基本内容。

从造型艺术的角度来看，随和应变的水与敦厚凝重的山恰成景观性格上的对比。中国古代伟大的思想家、教育家孔子在《论语·雍也篇》中有"知者乐水，仁者乐山"的说法，富有深邃的哲学意味。中国传统造园手法常是山水并用、互相衬托。山水创作也类似作画，"山脉之通，按其水径；水道之达，理其山形"（笪重光《画筌》）。山水之间的关系是在相互依赖与映衬中，显示各自的风景性格特征。

在中国古典园林中，山不在高大，贵在得山林效果，使之达到"片山多致，寸石生情"的景观。如苏州环秀山庄，虽地不盈亩，却峰峦叠嶂，洞府幽深，是假山园杰作（图9-4）。山林景象不仅可供观赏，而且山可以供人登临远眺借景或俯瞰园景，还具有一些实用功能和组景作用，山中的峰谷、盘道，可供登攀游嬉；山洞清凉幽静，可避雨遮阴，供人小憩。山体可以分隔园景空间，增加景象层次，可用以隐蔽园墙，含蓄景深，使景象产生不尽之意。山体还能使

图9-4　苏州环秀山庄的咫尺山林

游园路线立体变化，将平面行走变为三度空间迂回的路径，使人在翻山越岭、循谷探幽中增加游兴，而且延长了游览路程和时间，从而起到拓展游览空间的作用。

中国古典园林营造非常讲究理水的技巧。对水景的处理和掇山一样，并不是对自然水体的简单模仿，而是对自然水景做抒情写意性的艺术再现，同时要满足园林造景的功能需要。经过艺术加工而成的园林水体分为不同的类型，如湖泊、池塘、河流、溪涧、濠濮、泉源、渊潭、瀑布等。不同的水景，能给人以不同情趣的感受。例如，苏州网师园仅400平方米左右的水面，即造成了湖水荡漾的烟波效果（图9-5）；无锡寄畅园利用杯水细流，即创作了"八音涧"的动人景观。在园林空间里以不大的水面和水量表现湖泊、溪流等自然景观，关键在于把握不同水体形态的景观性格特征。

图9-5　苏州网师园小中见大的水面景观

9.2　巧于因借，精在体宜

　　"巧于因借"的"因"，指的是"因地制宜"。计成在《园冶》中写道："因者，随基势之高下，体形之端正，碍木删桠，泉流石注，互相借资；宜亭斯亭，宜榭斯榭，不妨偏径，顿置婉转，斯谓精而合宜者也。"园林布局只有先"因"，才能合"宜"。中国造园艺术的因借理论，是基于景象空间引申和扩展的（图9-6）。"巧于因借，精在体宜"，是中国园林艺术最重要的特色之一。

图9-6　苏州网师园中似有深意、精在体宜的山石溪涧景观

　　借景是园景深度的强化手段，即有意识地将园外的适当景物组织于园内景象之间，造成视觉和心理上的错觉，从而拓展了园林景象空间，增进园林艺术的效果。

　　借景作为一种造园手法，其定义始见于明末计成所著的《园冶》。"夫借景，林园之最要者也。""借者，园虽别内外，得景则无拘远近，晴峦耸秀，绀宇凌空，极目所至，俗则屏之，嘉则收之，不分町疃，尽为烟景，斯所谓巧而得体者也。"例如，唐代所建的南昌滕王阁（图9-7），巧借赣江之景，尽收"落霞与孤鹜齐飞，秋水共长天一色"的山水画面。岳阳楼，近借洞庭烟

图9-7　借景浩渺赣江的南昌滕王阁

图9-8　北京颐和园远借玉泉山塔影

波，远借君山青岚，登楼四望，气象万千。杭州西湖，在"明湖一碧，青山四围，六桥锁烟水"的湖山境域内，"十景"互借，各有特色。

借景可分为远借、邻借、仰借、俯借、应时而借五种，因时因地攫取外在自然美的信息，使景观空间不受造园要素物理界面的限定。

远借，是在园内组织观赏较远的景物。具体处理手法为，或开辟赏景透视线，对赏景障碍物（如遮挡视线的树木枝叶等）进行整理、去除；或提供山亭、楼阁之类高视点的观赏途径。如北京颐和园湖山真意亭，西借玉泉山塔影（图9-8）；承德避暑山庄澄湖区，远借磬锤峰奇景；苏州拙政园见山楼，遥借虎丘、戒幢寺及西南远山景致等。

邻借，是指借用邻近之景，所借的对象或与园址相毗连，或者距离很近（图9-9）。若邻借的景物较高，其具体处理手法一般是隐蔽园墙，使园外景物如在园中。隐蔽的手段可用茂密花木，或加以堆山、叠石，亦可采用沿墙的半廊之类建筑景象。邻借的典型实例有如苏州拙政园中、西部之间的宜两亭。清末时，它们是相邻的两座园林，西部称"补园"。较高视

图9-9 邻借——苏州耦园入口利用景门内外借景

点的"宜两亭"位于补园东侧，登亭可览两园美景，在拙政园内亦可望到宜两亭，被称道为"一亭宜作两家春"。

仰借、俯借、应时而借，多是随着季节、气候、四时、晴晦而随遇出现的，如"初春一行飞雁""中秋一池月影"等美景。甚至有时连声音也能成为应时而借的对象，如：山林樵唱，隔岸马嘶，邻庙晨钟，远刹暮鼓，若能借入园中，也自有一番韵味。恰如《园冶》所云："林阴初出莺歌，山曲忽闻樵唱，风生林樾，境入羲皇"。"寓目一行白鹭，醉颜几阵丹枫。""萧寺可以卜邻，梵音到耳；远峰偏宜借景，秀色堪餐。"

人类社会的一切艺术都来源于生活，园林营造艺术也是一样。在中国古典园林创作中，为了适应富有自然趣味的山林、湖泊等景观环境，园林建筑多数是对现实生活中依山傍水的各类实用建筑进行美化加工而创作出来的。这些通过"因借"方法所构思和创作的园林建筑形象，只要工艺处理恰当，体量相宜，就能有效地为园林空间增添光彩。

所谓"体宜"，就是要量体裁衣，相地构建，使园林景象的体量、尺度、色彩和空间比例等适度宜人。中国古典园林中的建筑，包括建筑小品和建筑装饰的处理，一般是通过与自然要素的直接关系而组织于园林景象当中的。建筑在园林中具有使用和观赏的双重功能，常与山池花木一起构成园景，并作为园林的主题景象。所以，园林建筑的选址往往是观赏园中山水景象的最佳位置，建筑也就成为园内主要的观赏停留点。

在中国园林的营造过程中，建筑的布局、体量、式样、色彩等处理手法，对全园的艺术风格影响很大。一座园林是要表现幽静淡雅的乡野山林趣味，还是要表现琼楼玉宇的气派，很大程度上取决于主体建筑的形式风格。例如：北京颐和园，在碧波荡漾的昆明湖与重翠浓荫的万寿山之间，布置了几组金碧辉煌的楼台殿阁，宛如色彩浓重、施金青绿山水的北宋"界画"，充分表现了"君临天下"的皇家气派（图9-10）。

图9-10　精在体宜——北京颐和园撷秀亭

苏州古典园林，灰瓦白墙，山池竹影，风格迥异。在灰白的湖石与天光倒影的池水之间，用翠绿的芭蕉、竹丛、花木掩映着明快的白粉墙。无论曲廊亭榭还是馆阁重楼，比例修长的木柱、门窗造型都显得既朴素又活泼。园林建筑的梁柱等构件都漆成赭黑色。远远看去，如同用墨笔勾勒出来的一般。再加上白粉墙与黑灰瓦屋顶的强烈色差对比，形成一种清新典雅、水墨淡彩似的格调，与文人造园的气质恰好相映成趣（图9-11）。

图9-11　**精在体宜——苏州拙政园香洲画舫**

9.3　虚实相生，小中见大

　　虚实相生，小中见大，原是中国传统画论中的构图概念。中国古典园林的营造，历来十分讲究画意。在具体的空间处理上，常以绘画理论作为指导，运用建筑的空间语汇来围合和优化园景形象。造园家采用借景、对景、隔景、抑景、框景、漏景等多种手法，力求营造形神兼备、意境结合、虚实相生、动静相成、变化多致、曲折含蓄的园林审美空间，达到咫尺山林、韵味无穷的效果。园景时而开朗，时而隐蔽，犹如一幅逐步展开的画卷，让人回味无穷，感受"山重水复疑无路，柳暗花明又一村"的雅趣，在有限的空间里创造出无限的意境。为了丰富园景空间的审美感受，造园家要采用各种艺术处理手法，力求做到园景空间的"虚中有实，实中有虚""先放后收"或"先收后放"，收放结合。使游人仿佛置身画中，步移景异。中国古典园林的艺术空间，由此获得了景观的多变性和意境的连续性，从而有别于其他门类的造型艺术。

　　所谓"虚实相生"和"小中见大"，关键在于组织园景空间变化，使之布局紧凑，错落相依，景深层次丰富，徜徉其间，不觉仅为弹丸之地。比如，苏州古典园林中的游廊，或穿行林间，或贴于水面，人行其上，移步换景，渐入佳境。墙上的各式景门漏窗，小园可以引景，大园又能漏景，收放自如，小中见大（图9-12）。方寸之间，却有气象万千。拙政园中的远香堂与留听阁，虽同是观赏荷花的地方，处在前者，能使人感到"香

图9-12　由景门连续框景构成的幽深园景空间（杭州西湖）

远益清",心境虚幻飘逸;而于后者,则令人油然而生"留得残荷听雨声"之情,感受"柳暗花明"之趣。

园林中的景物有天然的和人工的,有虚有实。以景物实体为界面所造成的多为封闭性空间;而以虚拟的边界,则造就开放性的空间;虚实结合,又形成封闭与开放交织的空间。还有通过审美活动而创造的隐空间和运用借景手法创造的朦胧空间等。

"巧于因借"是中国古代造园艺术的精粹之一。通过借景,使园内各部分内外呼应,融为一体,封

图9-13　由漏窗构成的虚实园景(苏州拙政园)

闭中有开放,围而不隔。虚中有实,实中有虚,虚虚实实,对比成趣(图9-13)。有无相生,以少胜多。如拙政园的"宜两亭"可借两园之景,每个扇形门窗都形成了一幅扇画。留园鹤所的东墙设一排景窗,游人可通过空间的渗透而获得景深层次的变化。

中国古典园林是典型的时间与空间同步运行的综合艺术。其空间性表现为园景要素的并存性和广延性;时间性表现为园景要素四季晨昏形态变化的交替性和周期持续性。因此,造园艺术不仅要组织园景空间,还要设计园景展示的顺序、时间和季相交替。中国传统造园艺术中园景空间虚实相生的时空变幻性,还体现在它比较讲究于动静交替中组景的特点。如山静泉流,水静鱼游,花静蝶飞,树静风动等;人在动静交替的园景空间中游园,或漫步曲径,泛舟湖中,信步游廊,攀假山,钻幽洞,渡曲桥,或驻足台榭,小憩亭阁,品茗厅室,留步庭台等。这种动静结合,寓静于动,寓动于静,使游赏时间与空间融为一体的手法,充分表现了园林景观因时而变、虚实相生的特征,进一步丰富了人在园林里的空间感受。

图9-14 虚实相生的水廊与花窗（苏州拙政园）

图9-15 杭州西湖天下景亭，柱题名联：水水山山处处明明秀秀，晴晴雨雨时时好好奇奇

从思想层面和文化意义上看，中国古典园林还是文人士大夫阶层表达其内心世界的杰作（图9-14、图9-15），具有"阴阳相济""虚实相生""刚柔互补""方圆相胜""计白当黑""小中见大"等易学涵构。中国古代学者和思想家对于宇宙空间的理解，大可达渺无边际、不可触及的太虚空间，小可到屋宇庭院一角。如魏晋"竹林七贤"中著名才子嵇康曾说："俯仰自得，游心太玄"；陶渊明有"采菊东篱下，悠然见南山"的诗句；王羲之在《兰亭集序》中写道："仰观宇宙之大，俯察品类之盛"；杜甫诗云："游目俯大江"等。

9.4 花木寄情，和谐生境

园林植物的造景配置，是中国园林艺术中融自然与建筑空间于一体的最为生动灵活的造景手段（图9-16）。

园林植物作为园景结构的基本要素，经过长期的栽培实践，古代的文

人、画家多借以抒怀，
按照其生态习性、观赏
特点、命名含义或谐
音，对之寄托了不同的
思想感情。有些植物品
种甚至还被赋予了拟人
化的文化品格。例如：

1）松、竹、梅以
其耐寒的生态习性，被
誉为"岁寒三友"。

图9-16　苏州拙政园中部的植物景观

2）松、柏因四季常青、树龄长久，而寓意重德长寿。

3）竹有"高风亮节"，莲能"出淤泥而不染"，都被誉为"君子"。

4）梅花性洁喜晒、香韵清高，被引为幽人伴侣（"梅妻鹤子"）。

5）牡丹雍容华贵、芬芳浓郁，被尊为"国色天香"的"富贵之花"。

6）菊花傲霜独放，被推为高傲、雅洁、隐逸的君子风度象征。

7）兰花幽香浓郁，被赋予超人、高士的品格。

8）丁香、桂花、含笑、茉莉等花卉，或温馨香艳，或芳甜清秀，被比
作丽姝佳人。

9）桃、李、杏、海棠之类的花卉，以其春季姿色妖艳而被看作美女
仙姬。

10）椿萱之比拟双亲，棠棣之比拟手足；梧桐栖凤，桃花制鬼；石榴
含义多子，榉树谐音高升。

中国古代造园，非常重视源于自然、再经人文雕琢的植物景观，常用
作某一景区的观赏主题（图9-17）。如：松柏之挺拔傲然，芭蕉之挥洒阔
度，合欢之纤巧妖媚，杨柳之婀娜多姿，竹之潇洒风流，莲之亭亭玉立。
既表现了自然情趣，又抒发了园景诗意。正如《园冶》等造园著作中所描

图9-17　北京颐和园中谐趣园"荷风四面"景观

述的园景：繁花铺锦，紫蔓攀垣；萍移幽池，苔侵暗阶；墙移花影，窗映竹姿；梧荫匝地，槐影当庭；如此生境，何等动人！

　　中国传统造园匠师十分讲究对场地自然条件的分析与利用，尤其珍视成年树木的利用。造园不只求湖石玲珑、洞壑婉转，更追求莲塘花屿、古木奇枝，使紫竹青藤攀缘于幽亭曲廊之外，碧桐垂柳掩映于新花老树之间。由此，可赋予山林池沼、亭阁台榭乃至整座园林以诱人的生命活力（图9-18~图9-20）。如果建筑布局与场地原有大树发生位置上的矛盾，则宁可修改建筑设计方案。计成在《园冶》中强调："多年树木，碍筑檐垣，让一步可以立根，研数桠不妨封顶。斯谓雕栋飞楹构易，荫槐挺玉成难。"中国古代造园艺术家所推崇的这种要建筑对树木"让一步"的设计原则，充分体现了尊重自然、顺应自然的思想，使建筑与自然环境的关系通过植物的处理而达到和谐生境，更为自然生动。

　　古代中国人热爱自然的传统，不仅表现在对山水、花木的雅兴上，也表现在对动物充满情趣的欣赏上，甚至把某种思想感情也寄托在他们所感兴趣的动物身上，把动物的特征也加以人格化。如：犬马知忠义；乌鸦讲

图9-18　苏州拙政园卅六鸳鸯馆内花卉装饰

图9-19　花木寄情（扬州大明寺庭园）　　图9-20　扬州个园正厅庭院内树桩盆景

图9-21 苏州网师园山池间的游鱼

图9-22 [明] 沈周《树荫垂钓》，在尺幅扇面里表达了对自然化游憩空间理想景观的向往

孝道；鸿雁有节操；鹿、鹤、龟象征长寿吉祥；孔雀象征幸福富贵；鸳鸯象征美满婚姻等。这些审美观念，直接影响了园林中有关动物景象的创作与欣赏活动。

在中国古典园林里，多有豢养温禽驯兽盆鱼之类的观赏动物。对此，《园冶》中就有多处相关景象的描写，如"紫气青霞，鹤声送来枕上；白苹红蓼，鸥盟同结矶边""风鸦几树夕阳，寒雁数声残月""养鹿堪游，种鱼可捕""好鸟要朋，群麋偕侣""隔林鸠唤雨，断岸马嘶风""起鹤舞而翩翩"等。的确，在人工营造的园林环境中，用动物来点缀景观，可以增加园景的自然山林野趣（图9-21）。恰如古人的诗词名句所云："蝉噪林逾静，鸟鸣山更幽"（王籍《入若耶溪》）。

园林中用于点景的观赏动物，本身也有相当高的观赏价值，其温顺的形象和天真的神态十分逗人喜爱，更使人感到自然之可亲。各种动物在林泉濠濮之间悠然的姿势，欢跃的动态，兴奋的鸣喂及其舞蹈般的游戏、追逐、欢叫、跳跃，能使人的精神兴奋和愉快。

中国古典园林通过合理运用植物和动物所营造的艺术化游憩生活空间，是人与自然亲密融合、共生共荣的和谐生境（图9-22、图9-23）。

图9-23　苏州网师园诗意盎然的"云窟"景门及山石花台，宛如四季变化的立体画卷

图9-24　扬州个园正厅运用诗书画表
达园景意境

9.5　状物比兴，讲究意境

　　所谓"园林意境"，是通过特定园景形象所反映出来的情意，使游赏者触景生情并产生情景交融的一种艺术境界。它是比直观的园林景观更为深刻、更为典型、更为高级的审美范畴。

　　在中国古典园林的艺术创作活动中，具体园景的营造并不等于创作的完成。园景形象只有融汇了富有诗情画意的生活情趣、理想与哲理，方能真正实现其园林艺术价值。园景形象与审美情趣的完美统一，是中国园林艺术追求的最高境界。因此，中国古典园林的艺术创作，历来讲究在园景的营造中渗透诗情画意与哲理等精神文化内容，并通过具体的园景形象而暗示更为深广的优美境界，实现"景有尽而意无穷"的审美效果（图9-24）。

对于园林创作来讲，园林意境是客观世界规律性的反映和创作者主观意念与感情的抒发，常表现为"景题"。而对于园林欣赏而言，园林意境既是客观存在的园景属性，又是游人主观世界触景生情而浮想联翩的审美感受，故称之为"景趣"。景趣是游赏者在园林欣赏活动中触景生情所产生的审美感受，它不仅因时、因地而异，而且因人而异。园林意境的审美活动，即表现为景题与景趣的有机统一。景题是园林意境的开拓与表达，景趣则是园林意境的理解和实现。

中国园林艺术所特有的审美意境，大都寄情于自然景物及其综合关系中，情生于境又溢于境，能给感受者以充分的遐想余地（图9-25）。当客观的自然境域与观赏者的主观情意相统一、相激发时，就产生了园林意境。所以，在创作者方面，这种生动感人的园林意境，是造园家倾注了主观的理想、感情和生活趣味的结果；而在欣赏者方面，园林意境则显得比较隐晦，其审美信息强度与游赏者对自然和生活的体验、文化素养、审美能力以及对园林艺术的了解程度密切相关。由于景趣的变化具有相当的随

图9-25　片山多致，寸石生情（苏州网师园）

机性，同一景象，不同的人、不同的心境和文化背景，所得到的审美感受也大不相同。所以，在中国园林艺术的创作中，常用景题的规定性引导和制约景趣的随机性，使园林审美活动能够沿着基本符合园林意境的方向而展开。

图9-26　苏州拙政园雪香云蔚亭的楹联与匾额

中国有句古语叫作"景物因人成胜概"。中国古典园林意境审美的特点，在于由物境（园景形象）的变化而带动了情境（审美感情、审美评价、审美理想）的变化。游人不仅要身临其境才能获得对园林美的知觉和体验，而且要认知积累园林景观必要的理性信息，理解造园家的创作构思并加以想象和发挥，再造出深刻的审美意象。在此过程中，园林美显示出双重价值特征，满足人们寻乐和求知的双重需要。

中国古典园林是山水、植物、建筑、诗画、雕塑等多种艺术配置的综合体。园林意境产生于园景空间的整体艺术效果，给予游赏者以情意方面的信息，唤起人们对以往经历的记忆联想和审美感受，产生"物外情""景外意"。园林作为一个真实的自然境域，其景象的意境也会随时间而演替变化。

在中国造园艺术中，园景审美的时序变化称为"季相"变化；朝暮景观的变化称为"时相"变化；阴晴雨雪、风霜烟云的变化称为"气象"变化；草木枯荣的植物生命变化称为"龄相"变化；还有春燕、夏蝉、秋虫的"物候"变化等。这些都使产生园林意境的客观条件随之不断变化。所以，在中国古典园林的艺术创作中，要以有一定出现频率的最佳情景状态作为意境主题，即所谓"一鉴能为，千秋不朽"。如苏州拙政园雪香云蔚亭的楹联与匾额（图9-26）："蝉噪林逾静；鸟鸣山更幽""山花野

图9-27 苏州拙政园雪香云蔚亭远眺

鸟之间",进一步强调了造园审美意境（图9-27）。杭州西湖的"平湖秋月""断桥残雪",扬州瘦西湖的"二十四桥烟雨",承德避暑山庄的"锤峰落照"等名景,均处于意境主题的最佳状态,因充分发挥了景象的感染力而受到千秋赞赏,达到了景题与景趣的高度统一。

在中国园林艺术的创作中,意境是造园家文化素养的流露,也是游赏者特定情意的表达。融情入境,巧于因借,是丰富园林意境的基本方法。计成在《园冶》书中所说的"取景在借",指的不只是景象构图上的借景,更深的含义是为了丰富园林意境的"因借"。如晚钟、晓月、樵唱、渔歌、荷香、飞雁等景观要素无不可借,只要能打动或激发游人的审美情思就行,即所谓"因借无由,触情俱是。"

在园景形象中创造诗画意境,贯注园主的审美情感于自然景物,是中国古典园林艺术对世界造园文化的一大贡献。中国古代的造园家有如赋诗作画一般,运匠心于山池花卉之间,注情感于亭榭峰石之上,如《园冶》

中所精辟概括的那样："片山多致，寸石生情"。中国古典园林的优秀作品之所以感人至深，就在于它不仅具备了自由变幻的园景要素及形式美，而且在其中包含着大量诗情画意。无论是较小尺度的造园活动，还是较大尺度的风景名胜造景，都要讲究注入文学意蕴。这种极富审美意境的园林空间，仿佛"立体的画，凝固的诗"，令人流连忘返。如始建于明万历二十六年（1598）的贵阳甲秀楼，以南明河中一块巨石为基，楼侧修石拱"浮玉桥"连接两岸，楼高三层，白石为栏，朱梁碧瓦，层层收进，独具特色（图9-28）。楼前有清代贵阳翰林刘玉山所撰206字长联，纵横古今，写景抒情，引人入胜，比号称"天下第一长联"的孙髯翁题昆明大观楼的长联还多26个字，是为中国风景园林之一绝。

　　清代乾隆皇帝曾在北京北海琼华岛上御笔写下《塔山四面记》，深情赞曰："室之有高下，犹山之有曲折，水之有波澜。故水无波澜不致清，山无曲折不致灵，室无高下不致情。"乾隆在文中所指的"室之致情，山之致灵，水之致清"，都是针对风景园林游赏者的情感而言的。情景交融，以情动人，是中国古典园林营造中意境创作的基本要点。创作和表现自然、高雅的园林意境，是两千多年来营造中国园林的名师巨匠们所追求的核心文化价值，也是使中国园林艺术产生世界影响的内在魅力。

图9-28　贵阳甲秀楼景观

第10章
中国园林艺术的国际影响

　　作为一种游憩生活境域的营造活动，园林建设是出于人类对自然化生活空间的需求，具有全球范围的普遍性。因此，世界上各个国家和民族都有自己的造园活动，并且各具不同的艺术风格和特色（图10-1）。

　　中国自汉代开辟了通向西域的"丝绸之路"，到唐代已有相当的繁荣程度。中国的丝绸、瓷器、漆器、工艺品和茶叶等商品，经中亚、西亚而大量输入欧洲，深受欧洲人的喜爱。到了13世纪的元代，中国与欧洲的关系更加密切。中国古典园林作为一种东方文化的艺术珍品，不仅在亚洲地

图10-1　1978年中国出口到美国纽约大都会博物馆的古典园林"明轩"原型：苏州网师园"殿春簃"

图10-2　中国1983年参展慕尼黑国际园艺博览会的芳华园荣获"德意志联邦共和国大金奖"

区声名显赫，而且深受欧洲国家的贵族和知识精英阶层喜爱。中国园林艺术以其悠久的历史文化和精湛的造园技艺在世界园林史上独树一帜，自成体系，并通过各种渠道的对外交流，对欧亚国家园林的营造活动及园林艺术风格的演化产生了一定的影响。1983年中国首次派团参展慕尼黑国际园艺博览会，"芳华园"荣获"德意志联邦共和国大金奖"，成为欧洲第一座正宗的中国园林（图10-2）。

10.1　对欧洲造园的影响

纵观全球，世界各国的园林营造历史及其艺术风格的发展，大致可以归纳为东方和西方两大体系。东方园林艺术体系以中国古典园林为代表，通过模拟自然，力求营造幻境般理想的自然化游憩生活空间；西方园林艺术体系则以欧洲古典园林为代表，通过整理自然要素使之井然有序来满足人们对自然空间的需求。东、西方园林艺术风格的主要差异表现为：东方园林艺术着重于充分理解和发挥自然美，西方园林艺术则较强调提炼自然要素抽象化的秩序感和形式美。随着历史发展和科学进步，东、西方两大园林艺术体系在发展过程中也有不少信息和技术的交流，出现了许多相互渗透、影响甚至融合的情况。

欧洲人知道中国园林，始于意大利的威尼斯（图10-3）旅行家马可·波罗（Marco Polo，1254—1323）。马可·波罗是使西方人了解中国的重要人物之一，他有17年的岁月在中国生活、旅游甚至当官。其中，他在元代初年考察过杭州的南宋园林。在亚洲国家旅行了25年之后，他于1295年带了一大堆东方的故事回到家乡，写成举世闻名的《马可·波罗游记》，向西方社会展示了迷人的中华文明，开阔了欧洲人的眼界。

《马可·波罗游记》详细记载了中国和亚洲一些国家的社会状况、风俗习惯、宗教信仰、土特产品、奇闻趣事等，语言朴实无华，生动有趣，成为西方人了解中国的一扇窗口，激发了欧洲人了解中国的兴趣和渴望。

14世纪，欧、亚两洲之间开辟了直接的海上交通。到了16世纪，随着

图10-3　马可波罗的故乡——意大利威尼斯水城

西班牙—墨西哥—菲律宾—中国的"海上丝绸之路"贯通。从1515年葡萄牙商船第一次驶进中国港口进行通商贸易开始，欧洲与中国更加直接地接触，文化交流也随之加强。

接着，荷兰兴起了通向东方的远洋贸易，通过商旅和传教士在欧洲进行了中国文化的传播。至17世纪，关于中国的传闻，伴随着神秘的、奇异的中国商品在欧洲广泛地散布开来，引起欧洲对中国的热衷向往。在此之前，欧洲人的心目中是以土耳其代表东方的，各种装饰美术及工艺品上所表现的所谓"东方风格"，都称之为"土耳其式"（Turquoise）。

从17世纪下半叶起，一些游历中国的欧洲商人和传教士把中国的建筑和园林艺术比较系统地介绍到了西方。英国皇家建筑师钱伯斯（William Chambers）在两度游历了中国之后，著文盛赞中国的园林艺术，并在他所主持的英国皇家植物园（邱园）设计中尝试运用了中国式的亭、塔、桥等构景元素（图10-4、图10-5）。由于中国自然山水园的艺术形式，与欧洲唯

图10-4　英国伦敦邱园的中国塔　　　　图10-5　广州六榕寺花塔

理主义美学原则为基础的几何式对称布局、人工化雕琢、中轴线贯穿的古典主义造园艺术传统形成了鲜明的对比，进而影响并产生了所谓"英中式园林"流派，在18世纪曾一时风靡欧洲。中国园林艺术对促进世界园林文化的发展，做出了举世瞩目的积极贡献。

此后，所谓的"中国式"（Chinoiserie）逐渐在欧洲占了上风。法国的路易十四国王很醉心于"中国式"的物品，他在宫苑中收藏有大批的中国丝绸、瓷器、金器、漆器、服饰、家具和工艺品。不过，此时欧洲人对"中国式"的狂热兴趣，主要是出于猎奇的心理。他们还不了解中国，也没有作认真的研究，并与18世纪初叶欧洲美术盛行的"洛可可风格"（Rococo Style）相联系。一些洛可可艺术家参照中国的瓷器、漆器、纺织品、刺绣、壁纸、年画、服饰、家具等上面所绘制的人物、景致来进行创作，追求奇特观感，玩弄构图技法。这种文化风气，在一定程度上也影响了欧洲造园艺术的发展。

从17世纪后半叶起，以法国宫廷园林为代表的欧洲古典主义造园艺术迅速发展，崇尚一种唯理主义、强调几何形式美的园林艺术形式（图10-6）。该风格的主要创始人为法国著名造园家勒诺特尔（André Le

图10-6　巴黎塞纳河两岸规则式种植树木和唯理主义审美形成的风景

Nôtre，1613—1700）。由于法国是当时欧洲文化潮流的领导国家，这种古典主义造园艺术很快就成为英国、德国、俄国等宫廷园林的营造楷模，并逐渐普及到贵族庄园和府邸园林，成为该时期欧洲造园风格的主流。不过，法国的路易十四国王对中国的皇家园林式样也有所了解和憧憬。1670—1672年在法国凡尔赛（Versailles）宫苑中建造的"特列安农瓷宫"（Trianon de Porcelaine），在建筑形式和造园艺术方面多少体现了一些"中国式"的影响。

18世纪中叶，正在进行大规模工业革命的英国率先开始了造园艺术的创新发展，自然风景园的造园形式（Landscape Garden）应运而生。在浪漫主义艺术思潮的冲击下，它又发展形成"图画式花园"（Picturesque Garden）进一步影响欧洲，尤其以新贵们的庄园和府邸园林为代表（图10-7）。此类模拟自然式园林的出现，就外因而论，与受到中国园林艺术的影响有关。

据考证，中国园林艺术正式被介绍到英国园林界，大约始于1685年威

图10-7　欧洲"图画式花园"的布局形式（丹麦哥本哈根）

廉·坦波（William Temple）所著的《关于埃比库拉斯的园林》（Upon the Garden of Epicuras）。书中对欧洲流行的整形式花园与中国自然山水园作了对比和评论，对促进英国自然式园林风格的形成起到一定的作用。

1757年，威廉·钱伯斯（William Chambers）出版了《中国建筑、家具、服装和器物的设计》（Design of Chinese Buildings，Furniture，Dresses，Machines and Utensils），书中用了近1/4的篇幅介绍中国园林，并附精美插图。钱伯斯是苏格兰人，曾在瑞典东印度公司任职期间到中国旅行，回国后于1761年被英国皇室聘为宫廷建筑师，1782年出任宫廷总建筑师。1772年，他又写了一本《东方造园论》（A Dissertation on Oriental Gardening），着重介绍中国园林艺术，并极力提倡在英国风景式园林中吸取中国趣味的造园手法。他认为当时的古典主义花园形式（图10-8）"太雕琢，过于不自然，其态度是荒唐的"；而英国的自然风景园是"不加选择和品鉴，既枯燥又粗俗"；最好是"明智地协调艺术与自然，取双方的长处，这才是一种比较完美的花园"，而这正是中国的园林！

图10-8　早期流行欧洲的英国式风格小花园（意大利威尼斯）

　　钱伯斯指出：造园作为一种艺术，决不能只限于模仿自然。"花园里的景色应该同一般的自然景色有所区别，就像英雄史诗区别于叙述性的散文"。他提出要提高造园家的文化修养，学习中国园林艺术，发展英国的自然风景园。由于钱伯斯的特殊身份和专业地位，他的著作对英国自然风景园发展起到了一定的指导作用。英国早期自然风景园的营造手法比较肤浅，其田园牧场般的景观创作，多是对苏格兰牧场自然风光的机械复制。中国园林艺术传入之后，影响其造园艺术形式逐步走向精练与概括，提高了艺术水平。

　　由于英国自然风景园的风格形成受中国园林艺术的影响较大，因而法国人又把它叫作"中国式园林"（Jardin Chinos），或称"英中式园林"（Jar din Anglo-Chinos），在欧洲曾风靡一时。较为著名的实例，如伦敦英国皇家植物园"邱园"（Kew garden）里的部分景点。1758—1759年间，钱伯斯受命对邱园进行了改造设计，在园中添置了许多有中国趣味的景点，如高10层的中国塔和孔庙等。当时，有一位德国美学教授赫什菲尔德（Christian Cajuns Lorenz Hirschfield）在《造园学》（Theories der Garten-kunst，1779）著作中曾抱怨道："现在的人建造花园，不是依照他自己的想法，或者先前比较高雅的趣味，而只问是不是中国式的或英中式的"。可见中国园林艺术对18世纪的欧洲园林营造影响之大已永载史册。

　　"英中式园林"在流传到法国后，成为一时的造园主流。其主要手法是在田园景象中加入异国情调，包括一些"中国式"的园林建筑形式。不过，当时营造的"英中式"园林在"中国式"的通称下，也包含了一些日本、印度、土耳其等东方国家的艺术内容。"英中式"发展到后期，所谓"中国式"的景观被欧洲造园家和建筑师们别出心裁地自由发挥，搞得面目全非（图10-9）。例如，亭、廊、桥、塔等中国园林建筑特有形式，有时会被扭曲变形为一种格调庸俗的怪物。当时在法国有这种"趣味"建筑物的花园，据埃德贝尔格（Eleanor Von Erdbrg）统计有25个，并载入其著作《欧洲造园中的中国影响》（Chinese Influence on European Garden Structures）。同期相关的学术著作还有：1774年出版的勒·拉鲁日（Le Rouge）所著《英中式园林》（Les Jardins Anglo—Chamois）；1876年出

图10-9　英式园林里中西建筑风格混合交融的园亭（新加坡植物园）

版的克拉夫特（Johann Carl Krafft）所作版画《康帕尼府邸》（Maisons de Compagne）；1910年柯蒂埃（Henri Cordier）所著的《十八世纪的中国与法国》（La Chins en France au XⅧ Siècle）等。

　　总体来看，在17至18世纪，欧洲园林发展过程中受到中国园林艺术传播的影响，出现了一些造园手法的自然化、艺术化倾向并风靡一时。当时的欧洲人不仅推崇中国园林建筑，使之在欧洲花园中流行；而且改变了原有花园中水景的布局方法，将水体岸线处理成自然式形状。此外，在植物配置方面也逐渐少用几何式的种植布局，提倡自然式配植和养护，让树木自然生长，注意品种多样，讲究四时有景。在此基础上，欧洲人又按其对自然美的理解和艺术趣味，不断提高造园艺术水平，形成了所谓"自然式"的流派，取得了独到成就。典型的实例，有如英国园林中独创的"岩石园"（Rock Garden）形式（图10-10）。

　　16世纪后，英国人喜好将高山植物引种驯化作为园林观赏植物。开始只是盆栽，后来按传统的整形方式布置花坛，称为"墙园"（Wall

图10-10　在欧洲城市中应用的英式岩石园（瑞典哥德堡）

Garden）。在园林地形塑造方面，欧洲人早期用大量土石作毫无意境的混合堆砌，甚至生硬地做出洞窟和瀑布之类的景观。17世纪末，中国园林假山营造艺术传入欧洲。他们开始借鉴中国的山水造园艺术手法，把高山植物的栽培观赏与掇山叠石艺术结合起来。20世纪初，伦敦邱园中的高山植物还主要是用整形式挡土墙花台方式布置的。后来经过研究和改造，将自然式叠石与高山植物景观统一配置，成为兼备山花烂漫和高山流水景观的岩石园杰作，闻名世界。

　　此外，欧洲人还从中国大量引进园林植物的种质资源，促进欧洲园林中的观赏植物物种更加多样化，使园林艺术风格更趋于自然。据不完全统计，欧洲的传教士和植物学家一共从中国引进了1000多种植物栽种在欧美的园林中，例如栾树、银杏、紫藤、珙桐、月季、山茶、杜鹃等。伦敦邱园中的牡丹园，约有11个牡丹品种来自中国。原产中国的杜鹃、山茶、玉兰、月季等植物，已成为欧洲园林中主要应用的花卉（图10-11）。还有一些冬季开花的植物，如梅花、蜡梅、香忍冬等，也都是从中国引进的。

　　1899—1911年间，英国著名植物学家、博物学家威尔逊先生

图10-11　欧洲园林里常栽培原产中国的月季

（E.H.Wilson，1876—1930）来到中国四川、云南、西藏等地考察，回国后盛赞中国是"花卉王国"。1913年，他在英国出版了记载中国之行研究经历的著作《一个博物学家在华西》，颇受业界好评。1929年，他将第二版书名修改为"China，Mother of Gardens"（中国乃世界花园之母）在美国出版，在全球产生了更大影响。

10.2　在亚洲国家的传播

中国园林艺术在发展过程中与东亚的周边国家早有交流。不仅与中国接壤的朝鲜半岛、越南等受到影响，隔海相邻的东瀛岛国——日本也较多地借鉴了中国古代造园艺术与技术的成就。

图10-12　韩国首尔南山谷庭园之绿吟亭

唐代时，韩国全面吸收包括园林在内的盛唐文化。今天在韩国的古典园林中，依然可以清晰地看到中国唐代园林布局和建筑风格的痕迹（图10-12）。如：多有人工开凿的水池，池中置三岛，显然与中国"一池三山"的传统造园手法一脉相承。

　　韩国古典园林中的建筑屋顶坡面缓和，屋脊两端和檐端四周高昂起翘，曲线柔美，门窗比例窄长，使屋身有高起之势。屋顶出檐很长，檐下产生很深的阴影，使整个建筑产生鲜明的立体感。屋顶多为歇山式，铺以灰黑色筒瓦，暗红的柱，衬以绿色窗棂，色彩柔和端庄，特别是建筑立面的一部分有技巧地使用白色，使得整体造型效果渐淡渐灰，不显过度艳丽，更多质朴含蓄。其建筑形式，既融合了朝鲜民族的建筑风格，又与中国唐代建筑有颇多相似之处。中国唐代建筑的某些显著特征，如有力的斗拱、巨大的出檐、弯曲的屋脊、上细下粗的棱柱等，在韩国的古典园林中常能见到。这表明，韩国的古代建筑在很大程度上是吸收了中国唐代建筑的艺术形式和营造技术（图10-13）。

　　位于韩国首都首尔的皇宫——景福宫，主体建筑为"勤政殿"，重檐歇山顶，西北方向有一方池，池中砌有三台，最大的台上建有两层的庆会楼，另外两个台上栽植树木。景福宫中的御花园内有方形水池，建一亭名为"香远"，取汉文化中"香远益清"之意，入夏池内盛开荷花。对比中

图10-13　韩国首尔南山谷庭园之听雨亭

图10-14 风光秀美的河内西湖

图10-15 河内西湖旁的独柱寺

图10-16 河内福林寺正殿庭院

国西安兴庆宫的"勤政务本楼"和苏州拙政园的"远香堂",可以说有"异曲同工"之妙。

越南河内的西湖(又称金牛湖),距著名的巴亭广场仅200米,面积约500公顷。早在李朝定都河内(升龙)时,西湖就成为最著名的游览胜地,号称"河内第一名胜"。历代帝王陆续在西湖周围建起了许多寺庙、宫殿和园林。

河内西湖留存的古迹有镇武观、镇国寺、金莲寺等,湖光园景享有"剑湖烟水西湖月"之美称。西湖之滨栽植桃花久负盛名,每当春天赏花时节,游人如织。天气晴朗时,游人漫步湖堤上,还能借景远处淡蓝色的伞园山,其景致可与杭州西湖媲美(图10-14~图10-16)。

日本在飞鸟时代

（593—709）以前，很少有园林营造的史料记载。就考古发掘获得的古镜上所刻画的住宅形象来看，一般只是在房屋附近种植些树木。从7世纪起，日本大量汲取中国盛唐文化的营养，引进中国的建筑与园林艺术，并和日本海岛的秀丽风光特点相结合，创造了富有民族特色的自然风景式山水园。特别是日本宫廷常用的池泉回游式庭园的水池中，造园艺术承袭中国秦汉宫苑的典例，在池中筑岛，仿效海上神山传说的"蓬莱三岛"（图10-17、图10-18）。

从飞鸟、奈良时代（593—793）起，大量的中国文化传入日本之后，日本造园艺术发生了一个飞跃的进步。据日本出土的此期"流杯渠"残石表明，魏晋时期中国士大夫追求林泉归隐的"曲水流觞"等园林活动内容，当时已经传到日本。在日本平安时代（794—1185）的园林中，御苑及贵族府邸中的"池泉庭园"很像中国唐代"池中有山"的"山池院"形式。1086年所建造的鸟羽离宫，就是这种"神仙岛"景象的创作。南宋时期，日本又从中国接受了禅宗和品茗之风，为后来室町时代茶道、茶庭的流行打下了基础，逐渐达到日本庭园营造的全盛时期。

图10-17　日本京都金阁寺庭园的池岛水景布局

图10-18　日本京都金阁寺庭园中的山池石组景观

在日本的江户时代（1603—1867），无论诸侯御苑、寺院亭园或一般私家庭园中，都广泛地采用蓬岛神山的主题。不过，此时水中岛的设置已不局限于三个，而是只取其含义，在构图上不拘泥于一个或多个，并进一步发展形成日本化的龟岛、鹤岛的形式。如1598年所修造的醍醐寺三宝院庭园，就是采用了"一池三山"（蓬莱、方丈、瀛洲）的山水布局。

宋、明两代，许多中国山水画家的作品被摹成日本水墨画，用作营造庭园的图稿。造园家模拟画意，通过石组手法来布置茶庭和枯山水。如日本室町时代的相阿弥和江户时代的小堀远州，把造庭艺术精炼到极其简洁的阶段而赋予象征性的表现，甚至濒于抽象，已经超脱了中国影响而进入"青出于蓝"的境界，如京都龙安寺庭园。明末，与小堀远州同期的中国造园家计成，工诗能画，把实践经验写成《园冶》一书，于崇祯七年付印。此书传入日本之后，被称为《夺天工》，业界评价极其之高。最意味深长的是，日本古代庭园的园名、建筑物和配景的标题，都采用古汉语以表达其风雅根源，可见受中国园林艺术的影响之大。随着中国文化的东渡，造园技艺也被直接、全面地介绍到日本。在当时日本的造园活动中，除"蓬岛神山""净土世界"等型制外，还有模仿中国园林的作品出现。例如在平安时代模仿唐长安而规划建造的平安京城及宫苑中，就有取意周文王灵囿而创作的禁苑"神泉苑"。

图10-19　日本京都龙安寺庭院入口

中国寺庙园林造园艺术中的佛教思想，也是在7、8世纪之交传到日本的（图10-19、图10-20）。佛教思想对于日本古典园林的创作影响之深远，似乎更甚于在中国，以致产生了

图10-20　日本京都龙安寺的"一池三山"

所谓"须弥山""九山八海石"之类的造园手法。在日本古典园林中，佛教影响的具体化大约发生在平安时代中期（10世纪—11世纪中）。如毛樾寺庭园，就是此类"净土园林"的典例。

中国园林艺术中讲究"意境"的创作手法，对日本园林也有相当的影响。镰仓时代（1185—1333），禅宗及宋儒理学传入日本之后，很快就被当权者的"武家"所利用，得到迅速发展。镰仓与室町时代（1334—1573）是日本造园史上的发展高潮，禅僧们最喜欢传诵的是苏东坡充满禅意自然观的诗句，如"溪声便是广长舌，山色岂非清净身"（苏轼《赠东林总长老》）等。禅宗及宋儒理学成为当时日本文学艺术的主导思想，反映在造园艺术上，不仅是追求园林意境，而且在造园手法上也有显著的表现。如渲染深山幽谷隐居环境的松风、竹籁、流瀑等声响借景处理，象征释迦牟尼、观音、罗汉的石峰点置，效仿摩崖造像的点景处理，普遍使用三尊一组的构图章法等。

此外，随着日两国文化交流的深入，中国园林艺术及林泉享乐习尚也得以全面介绍到日本。镰仓时代（大约相当于南宋时期），日本禅僧荣西再度来华留学四年。回国时将茶叶和品茗生活习尚带回，孕育了后来室町时代（约明代中期）茶道之风及"茶庭"园林的出现。室町时代日本的造园巨匠梦窗国师开始经营天龙寺庭园，其中有不少园林景观布置手法深受中国山水画的影响。1467—1469年，日本画家雪舟来中国留学访问，促进了明代中国文化的东渐。当时日本极为活跃的北宗周文派的水墨画，便是师法中国著名山水画家马远、夏珪的笔意，又引入禅宗之观念而别开画境，从而确立了日本水墨山水画的主导画风，对当时日本的园林营造有直接的影响。此期日本造园多取法于中国山水画，从其恬适闲逸的绘画意境以及在园中修建楼阁之风，可见受宋、明绘画艺术影响的痕迹。因此，日本造园艺术中的象征性和抽象性，所谓"缩三万里程于尺寸"的写意方法，主要是受中国传入的佛教禅宗及宋儒理学思想的影响，培育出"石庭"和"枯山水"之类极端写意的园林形式（图10-21）。此外，日本的寺庙园林也学习了中国园林的植物色彩配置（图10-22、图10-23）。

明代末年的遗臣朱舜水流亡日本（1665）后，十多年间都为当时日本朝廷以师礼相事。朱舜水在日本除讲学外，多从事造园活动，著名的诸侯御苑——东京小石川后乐园便是他取《孟子·梁惠王》中"贤者而后乐此"之意而创作的（1668—1669）。他依照中国江南园林的型制，在小石川后乐园中建造了"圆月桥"，第一次把中国的石拱桥技术传入日本。后来，又有多个园林争相效仿，如广岛缩景园中所建的"跨虹桥"（1781—1788）。在小石川后乐园中，朱舜水还营造了摹写庐山风景的"小庐山"、师法杭州西湖苏堤、白堤景色的"西湖堤"等园景。

日本古代造园还受到中国园林"集锦式"布局和陈列鉴赏奇物名品手法的影响，并从中国引种了不少园林植物。例如，奈良时代日本唐招

图10-21　日本京都龙安寺的枯山水庭园

图10-22　日本奈良东大寺大仙殿中庭

图10-23　日本东京浅草寺前庭景观

提寺开山大师鉴真，自祖国杭州孤山引松子育苗，植于寺院庭园中观赏。江户时代"六园馆庭园"中，就有四川柳、西湖梅等景致。

此外，中国的民间传说也常被日本造园家作为造园的题材。如平安时代就出现引用"鲤鱼跳龙门"传说而创作的"龙门瀑"，后代将其固定为程式化的瀑布类型之一。室町时代，京都龙安寺庭园引用中国猛虎迁居渡河故事创作"虎渡子"群置点石。中国古代"八阵"之说——鱼鳞、鹤翼、长蛇、偃月、锋矢、方圆、衡轭、雁行，自唐代传入日本后，形成融合孙子、吴子、诸葛孔明等各式八阵的群置点石章法。如"岸和田城庭园"中的诸葛孔明八阵图——大将军及"天、地、风、云、龙、虎、鸟、蛇"的组石。日本园林在发展过程中，既借鉴中国的造园技艺，又注意培育和保持自身风格，在传统的基础上取得了很大发展，达到了相当高的水平。

图10-24　马来西亚马六甲市中西合璧的住宅花园

此外，在泰国、新加坡、马来西亚等东南亚国家，中国园林艺术的传播和影响也较普遍，不少华侨和华裔人士营造了传统中式庭园。其造园初衷多半是为弘扬华夏文化，感悟后代，同时寄托对祖国的相思之情（图10-24、图10-25）。

图10-25　新加坡裕华园

10.3　丰富世界文明宝库

宏观而论，历史悠久、博大精深的中国园林艺术对于丰富世界文明宝库的贡献，主要体现在以下三个方面。

10.3.1　中国园林艺术自成体系，丰富了世界园林文化遗产

中国的风景园林具有高超的艺术魅力，具有文化遗产不可替代的唯一性和典型性，在世界文化之林中独树一帜，风流千载。

1990年，中国著名风景名胜区泰山被联合国教科文组织（UNESCO）列为"世界文化与自然双重遗产"。此后，承德避暑山庄及周围庙宇、颐和园、天坛、苏州古典园林（含拙政园、留园、环秀山庄、网师园等）、武夷山、五台山、黄山、青城山-都江堰、丽江古城、明清皇家宫殿、明清皇家陵寝、孔庙-孔林-孔府、庐山、杭州西湖和厦门鼓浪屿等，相继被联合国教科文组织列入"世界文化遗产名录"，成为全人类共同的财富（图10-26、图10-27）。中国园林艺术所取得的成就，使它不断被外国同行学习借鉴，至今保持着旺盛的生命力。

图10-26　世界文化遗产——丽江古城黑龙潭

图10-27　世界文化遗产——厦门鼓浪屿

10.3.2　中国园林艺术巧夺天工，提高了全球园林营造技艺

中国园林的营造，不仅要求构思巧妙、布局自然，而且讲究工艺精湛，装饰精美。因此，中国古典园林的营造技艺居于世界领先水平。中国园林艺术以其自然化的审美趣味、"宛自天开"的景观布局、清雅幽远的文学意境，深深吸引和感染了欧洲人，对西方园林艺术的演化产生了持久的影响。从17、18世纪至今，有些按照中国园林风格设计的花园仍保留完好，如德国卡塞尔附近的威廉阜花园，就是德国最大的中国式花园之一。瑞典斯德哥尔摩郊区德劳特宁尔摩的中式园亭，其中的殿、台、廊和水景，纯粹是中国风格。在波兰，国王在华沙的拉赵克御园中也建起了中国式的桥和亭子。在意大利，曾有人特邀英国造园家到罗马，将一庄园内的景区改造成中国园林的自然式布局。

中国园林艺术是华夏文化长期积累的结晶。它以布局自然变化、景观曲折幽深为特点，将人工美与自然美巧妙地相结合，源于自然，高于自然；虽由人作，宛自天开；形成独特的自然山水园风格，堪称世界上最精美的人居环境之一。近40年来，中国园林艺术已走向世界，主动参与国际交流，业绩斐然。如建在美国纽约大都会博物馆的苏州园林——"明轩"，纽约"听松山庄"，加拿大温哥华"逸园"，德国慕尼黑"芳华园"，新

图10-28 澳大利亚悉尼谊园入口

加坡"蕴秀园",澳大利亚悉尼"谊园"（图10-28），日本淡路"粤秀园"，韩国水原"粤华园"等。

1999年，由国际展览局和国际园艺生产者协会主办、中国政府承办的A1级昆明世界园艺博览会盛况空前，在180天展期内入园游客人数超过1000万，让全世界领略了中国园林艺术的博大精深。在此盛会上，广东省政府送展的"粤晖园"赢得室外造园综合竞赛冠军，荣获了"最佳展出奖"（图10-29）。2019年，同样规格的世界园艺博览会再次在北京举办，取得了巨大成功（图10-30）。

图10-29 1999年昆明世界园艺博览会精巧秀丽的粤晖园

图10-30 2019年北京世界园艺博览会绚丽多彩的北京园

10.3.3 中国园林艺术师法自然，促进了人居环境的生态化

园林是人类与自然进行物质与情感交流的特定场所，其本质的存在意义是协调人与自然的关系，修复人与自然日益分离的生态关系。园林艺术与其他相关艺术的区别，就在于它对于自然、生态、场所、文化与人的行为的特殊关注。由于社会、经济、文化的发展条件不同，东西方的园林艺术形成了两大不同类型的体系，但都是世界园林文化的组成部分，具有园林艺术的共同特性。即：人类通过营造自然化、艺术化的游憩空间，补偿现实生活境域中自然因素缺失的某些不足，满足人类实现健康生活的心理和生理需要。

西方古典园林的特点是讲求几何图案的构图组织，在明确的轴线关系引导下创作对称布置的花园景观，甚至连花草树木都修剪成各种规整的几何形状（图10-31）。形式上整齐一律，均衡对称，花园中的一切都表现为一种人工创造的数理关系，形成了欧洲传统规则式造园风格。其营造思想的核心，就是认为人工美高于自然美，用人工的形式美修饰和强化自然要素的美。中国园林艺术讲究师法自然，主要采取自然式的布局，力求

图10-31　巴黎La Defense街头花园富有中国趣味的花街铺地和景墙

体现人与自然融洽的和谐关系。其造园思想的精髓是"虽由人作，宛自天开"。数百年来，它已经通过影响东亚和西欧的造园艺术演变，促进了世界园林艺术的发展（图10-32）。

20世纪80年代后，随着生态科学普遍引入园林学研究领域，将园林从社会文化的载体扩展延伸为人与自然生态关系和谐实体的观念日益普及。在世界各国的园林营造活动中，都越来越注重生态与效益，力求做到生态与美学价值的平衡与双赢。

古今中外的园林，实质上都是为了营造能满足人类健康生活需求和自然化审美情趣的游憩境域（图10-33）。中国园林艺术在景观营造形式和游憩生活内容上，非常讲究尊重自然、亲近自然，特别注重运用地带性植物和地方建筑形式造景，充分表现自然的生物多样性和社会的文化多样性，因而具有持久的景观魅力。

中国园林艺术的未来发展，将致力于促进人类更好地营造生态与美学和谐共存的地带性园林文化载体，创作景观自然生动的游憩生活空间，既造福于全人类实现人居环境的"宜居宜业宜乐"，也为世界文明宝库增添新的财富！

图10-32　2006年威尼斯双年展第10届国际建筑展之中国馆"瓦园"

图10-33　澳大利亚悉尼谊园中部山池与澄观阁

后记

本书的写作动机，主要源于我对中国园林艺术的热爱与感悟。2019年北京世界园艺博览会隆重举办。我和一批20年前曾参与1999昆明世界园艺博览会筹展的各省市建设者代表应邀欢聚北京延庆的世园会。大家在参观园景、畅叙友情、盛赞成就之余，也对当下许多城市园林建设普遍缺少精品、轻视园林艺术质量的现象表达了关切和感慨之情。究其原因，可能与长期以来我们对面向大众的中国园林艺术知识的普及与宣传不够重视有关。

改革开放40多年来，随着欧美景观教育模式和规划设计手法的强势输入，国内大部分中青年园林景观设计师已被训练成以西方景观文化思维为主的一代。在一大堆所谓"创意""品牌""主义"的概念忽悠下，不熟悉现场条件就能脑洞大开，按照"形而上"的设计逻辑构思画图、套用相关规范指导施工。看似工作的程序正确，但建成结果往往不尽人意，成品率合格却精品率低下，满足不了人民日益增长的对幸福生活和美好景观环境的追求期望。此举造成不少城市的重点园林景观工程竣工没多久，甚至还没验收，就要开始新一轮的"景观提升"，浪费了大量人力物力。因此，大力弘扬中华民族优秀的园林文化和艺术传统，扭转当下较为明显的"西风压倒东风"的景观设计与审美倾向，对于促进实现中华民族的伟大复兴具有积极的现实意义。

2020年夏，机械工业出版社建筑分社的赵荣编辑邀我写一本以"中国园林艺术赏析"为主题、面向大众阅读的图书，要求将知识性、专业性和可读性相结合，不做引经据典式的文字考古，也不作烦琐复杂的循环论证，力求观点鲜明、论据有力、论述生动、通俗易懂，并以图文并茂的形式向公众阐述中国园林艺术的精华特色和精品名作。说实在的，要做到这些还真是不易，以至于近半个世纪以来在此领域耕耘且有所收获的专业学者寥若晨星。不过，我还是欣然接受了这一挑战，争取能在兼容学术专著与科普读物的要素之间走出一条创新之路。

　　谨此书稿即将付印之际，我要真诚地感谢机械工业出版社提供的这次创作机会和赵荣编辑的大力帮助。感谢十多年来一直默契合作的摄影家张振光先生，感谢我的家人和学生、朋友们所提供的无私奉献和支持。希望本书的出版，能够为传播古老而灿烂的文化遗产——中国园林艺术做出一些贡献。

　　面向未来，我们要看到中国精神文明的红利期正在到来。传统的物质文明进展步伐已经开始放慢，因为工业化已经将社会各项硬性设施布局完善，物质文明的快速增长期正在逐渐过去，互联网又将大部分社会链接搭建完毕，柔性内容开始快速增长，其中文化行业将是一个新增长点。中国的国际竞争力以前是靠自然资源，后来是靠制度优势，如今正在切换成靠文明潜力。随着中国逐渐进入老龄化社会和国家大力推进康养产业的发展，全社会对高品质园林艺术品的需求将不断增强，从而带来数万亿的产业商机。对此，全国风景园林及相关行业的从业者、经营者和教育工作者都应该有所认识、有所准备、有所行动。

　　愿古老而又年青的中国园林艺术之花在地球上常开不败，常看常新！

2022年3月于广州

春光荡漾的华南农大校园

作者简介

李敏教授1957年出生于福州，先后毕业于北京林业大学园林学院和清华大学建筑学院，师从国际著名学者汪菊渊院士、孟兆祯院士和吴良镛院士做研究生，工学博士/国家注册城市规划师。1985年后曾任职于北京市园林局、广州城建学院（今广州大学）、佛山市建设委员会、佛山市城乡规划处、广州市市政园林局等单位。2003年后任华南农业大学风景园林与城市规划系主任、校热带园林中心主任、一级学科带头人等；兼任广州美术学院客座教授、香港大学荣誉教授、重庆大学兼职教授/博士生导师等。历任国务院学位委员会全国风景园林硕士专业学位教育指导委员会委员，高等学校风景园林学科专业指导委员会委员及中南片区学科组长，国家园林城市和国家森林城市评审专家；中国风景园林学会理事/专家/资深会员，广东园林学会常务理事/副秘书长，广东省政府实施珠三角规划纲要专家库成员，广东省森林城市建设专家顾问，广东省万里碧道专家委员会委员，广东省房地产协会专家委员会委员，韶关市、佛山市、湛江市政府顾问及城市规划委员会委员，珠海市政府园林规划战略顾问、南宁市政府咨询专家、深圳市园林科技专家委员会副主任、广州市建设科技委员会副主任等。

李敏教授已出版专著33部，发表论文100多篇，指导硕/博研究生180多名；所主持的风景园林与城市规划设计、科研项目和教学成果等多次获得国际、国内专业奖项，如1999年昆明世界园艺博览会室外造园最佳展出奖，2004年第五届中国国际园林博览会室外造园竞赛大奖，2012年度中国民族建筑保护传承创新奖，2012年第三届澳门人文社会科学研究优秀成果一等奖，2019年度中国风景园林学会科技进步奖一等奖，2020年度国家"华夏建设科学技术奖"等。